建筑设计
马克笔手绘技法精解

王美达 著

U0233660

人民邮电出版社
北京

图书在版编目（ＣＩＰ）数据

建筑设计马克笔手绘技法精解 / 王美达著. -- 北京：
人民邮电出版社，2021.1
ISBN 978-7-115-54727-9

Ⅰ. ①建… Ⅱ. ①王… Ⅲ. ①建筑画－绘画技法
Ⅳ. ①TU204

中国版本图书馆CIP数据核字(2020)第159411号

内 容 提 要

本书对建筑手绘从线稿绘制到马克笔表现的全套技法进行了系统而翔实的讲解，从手绘工具、线条、透视等内容讲起，渐进至马克笔的笔法运用、不同质感的马克笔表现、建筑配景的马克笔训练等，最终以连贯的流程展示了多种建筑风格马克笔手绘效果图的绘制，在讲解中融入了"断线法""修线法""彩铅叠加法""色粉揉擦法"等新颖、实用的手绘技巧。同时，书中对各个知识点的讲解，均采用全程实景拍摄手绘步骤的演示方法，以清晰展示手绘技巧，帮助读者轻松掌握建筑设计手绘要领。

随书附赠一套近 700 分钟的在线视频课程，读者可配合图书内容进行学习。

本书适合建筑设计、城市规划、环境艺术、风景园林等相关专业的高校学生，以及设计师和手绘爱好者使用。不论手绘基础如何，阅读本书均会有一定的收获。

◆ 著　　　　王美达
　　责任编辑　张丹阳
　　责任印制　马振武
◆ 人民邮电出版社出版发行　　北京市丰台区成寿寺路 11 号
　　邮编　100164　　电子邮件　315@ptpress.com.cn
　　网址　https://www.ptpress.com.cn
　　北京宝隆世纪印刷有限公司印刷
◆ 开本：880×1230　1/16
　　印张：11.5
　　字数：434 千字　　　　　　　2021 年 1 月第 1 版
　　印数：1 – 2 000 册　　　　　2021 年 1 月北京第 1 次印刷

定价：79.00 元
读者服务热线：(010)81055410　印装质量热线：(010)81055316
反盗版热线：(010)81055315
广告经营许可证：京东市监广登字 20170147 号

本书示范而完整地剖析了建筑
手绘从线稿绘制到马克笔表现
的全套技法，条理清晰、内容详
实、循序渐进、深入浅出，是建筑
达老师多年绘教学经积
累的倾力之作。堪为当下手绘表现
类书籍中，流程最为清晰、技法
最为实用、兼具较高艺术水准之
上乘作品！

杨健 2020.5.8

前　言

　　手绘是人类最淳朴、最生动的语言之一。早在欧洲文艺复兴时期，艺术家们已经开始运用手绘草图设计宏伟的建筑。随着现代设计行业的发展，手绘再次为广大设计者所重视。尽管绘制上乘的手绘作品仍然需要扎实的艺术功底，但零基础和基础较弱的手绘者，只要按照正确的方法进行一定时间的训练，也可以掌握手绘技巧，获得随心创造和表现造型的手绘能力。

　　在本书中，笔者总结了 17 年来手绘教学和手绘设计的经验，以负责的态度和清晰的表达方式，由浅入深地讲解了建筑手绘从线稿绘制到马克笔表现的全套技法，将多种手绘技巧融入范图的步骤讲解之中。在理论构架方面，本书从手绘工具、线条、透视等内容讲起，渐进至马克笔的笔法运用、不同质感的马克笔表现、建筑配景的马克笔训练等，最终以连贯的流程展示了多种建筑风格的马克笔手绘效果图绘制方法。在实践训练方面，本书采用实景拍摄手绘过程的演示方法，使读者能够清楚地看到从一条线到一个面，再到一个立体图形，最终构成丰富多彩的建筑场景的手绘演变过程，而且每个过程都配有详细的图文步骤，如同老师亲身示范。在适用人群方面，手绘初学者使用本书，可以通过由浅入深的训练过程逐渐巩固手绘基础，在不断获得自信、不断成长的状态下，轻松突破手绘入门环节，掌握建筑手绘马克笔表现的全套技法；拥有一定手绘基础的读者使用本书，可通过阅读理论内容，对自己的知识架构查漏补缺，完善知识体系，并可临摹与鉴赏本书中一些较高难度的建筑手绘作品，提高专业能力与艺术修养。仔细品读本书并开展同步训练，将取得意想不到的收获。

　　本书写作完成后，其内容受到燕山大学姚远教授的认可与好评，在此深感荣幸并深表感激。另外，由衷地感谢人民邮电出版社的大力支持，感谢张丹阳编辑的帮助和指导，感谢关心我的家人和朋友们！

　　本书撰写于 2020 年全球抗击新冠肺炎疫情期间，身为教育工作者，虽不能奔赴抗疫战场，但至少可以用自己的热情和技能，为祖国未来的建设者打造更为精良的战衣。

王美达

2020 年 5 月 8 日

资源与支持

本书由"数艺设"出品，"数艺设"社区平台（www.shuyishe.com）为您提供后续服务。

配套资源

视频教程：一套成体系的视频课程，读者可配合本书进行学习，也可独立学习。

资源获取请扫码

"数艺设"社区平台，为艺术设计从业者提供专业的教育产品。

与我们联系

我们的联系邮箱是 szys@ptpress.com.cn。如果您对本书有任何疑问或建议，请您发邮件给我们，并请在邮件标题中注明本书书名及 ISBN，以便我们更高效地做出反馈。

如果您有兴趣出版图书、录制教学课程，或者参与技术审校等工作，可以发邮件给我们；有意出版图书的作者也可以到"数艺设"社区平台在线投稿（直接访问 www.shuyishe.com 即可）。如果学校、培训机构或企业想批量购买本书或"数艺设"出版的其他图书，也可以发邮件联系我们。

如果您在网上发现针对"数艺设"出品图书的各种形式的盗版行为，包括对图书全部或部分内容的非授权传播，请您将怀疑有侵权行为的链接通过邮件发给我们。您的这一举动是对作者权益的保护，也是我们持续为您提供有价值的内容的动力之源。

关于"数艺设"

人民邮电出版社有限公司旗下品牌"数艺设"，专注于专业艺术设计类图书的出版，为艺术设计从业者提供专业的图书、U 书、课程等教育产品。出版领域涉及平面、三维、影视、摄影与后期等数字艺术门类，字体设计、品牌设计、色彩设计等设计理论与应用门类，UI 设计、电商设计、新媒体设计、游戏设计、交互设计、原型设计等互联网设计门类，环艺设计手绘、插画设计手绘、工业设计手绘等设计手绘门类。更多服务请访问"数艺设"社区平台（www.shuyishe.com）。我们将为您提供及时、准确、专业的学习服务。

目　录

6
第 6 章

建筑手绘作品欣赏

第 **1** 章

建筑手绘的工具

"工欲善其事，必先利其器"，虽然建筑手绘的工具多种多样，但成熟的手绘者大多拥有一套用得最顺手的工具。本章中介绍的工具是笔者结合自己多年手绘经验总结出来的，性价比较高，供大家参考借鉴。

1.1 笔

| 1.1.1 铅笔 |

铅笔是建筑手绘的前期必备工具，特别是对于初学者来说，铅笔痕迹可以反复修改，有助于找到画面中合理的构图、准确的透视关系、良好的比例等，进而为塑造良好的画面效果夯实基础。一般来说，HB 型号、B 型号的铅笔是比较适合用来起稿的。

| 1.1.2 线稿笔 |

1. 中性笔

中性笔适合用于手绘基础训练、草图训练、简单的线稿手绘训练等。中性笔多为子弹头型或针管型笔尖，书写流畅，笔迹速干，但是使用一般中性笔描铅笔稿时容易出现堵笔现象，影响线条的流畅度。基于此，笔者推荐白雪牌中性笔，该笔可以轻易覆盖铅笔稿，且价格便宜。此外，一些进口品牌的中性笔，如百乐、三菱等，同样具有覆盖铅笔稿的功能，但价格稍贵，大家可以根据自己的情况进行选择。

2. 签字笔

笔者手绘线稿时偏爱使用签字笔，在此为大家推荐一款好用的签字笔——三菱 AIR 签字笔（书中简称"三菱牌签字笔"）。建议画建筑手绘购买 0.5mm 黑色签字笔和 0.7mm 黑色签字笔各 1 支。0.5mm 黑色签字笔（左图中黑色笔杆，书中简称"0.5 型"）较适合在 A4 版幅画面绘制造型轮廓和主要结构；0.7mm 黑色签字笔（左图中黑白相间笔杆，书中简称"0.7 型"）较适合在 A3 版幅画面绘制造型轮廓和主要结构，并适合为 A4 版幅画面"修线"。

3. 草图笔

草图笔笔头较粗，具有良好的笔触感和灵活度，对于建筑线稿手绘后期的加强及"修线"具有特殊效果。笔者常用的草图笔为百乐 SW-VSP 设计草图笔（书中简称"百乐牌草图笔"）。

4. 钢笔

钢笔是建筑线稿手绘的经典工具之一，适合绘制多种风格的建筑线稿。钢笔一般可分为普通书写钢笔和美工钢笔两种。普通书写钢笔画出的线条挺拔有力且富有弹性。美工钢笔则能根据下笔力度和角度的不同，画出粗细变化丰富且有肌理效果的线条。钢笔对铅笔稿的覆盖力极强，但是笔迹干得较慢，如果使用不小心，会滴落墨点或剐蹭墨痕，影响画面效果。因此，使用钢笔绘制建筑精细线稿时要小心。

| 1.1.3　马克笔 |

马克笔是建筑手绘的主要工具之一，分为油性马克笔、酒精性马克笔、水性马克笔 3 类。油性马克笔快干、耐水，而且耐光性相当好，颜色多次叠加不会伤纸；酒精性马克笔可在任何光滑表面书写，速干、防水、环保；水性马克笔颜色亮丽、有透明感，但多次叠加后颜色会变灰，而且容易损伤纸面。3 类马克笔的表现效果各有特色，本书以酒精性马克笔的使用作为重点讲解。在各种品牌的马克笔中，法卡勒马克笔高级灰颜色种类较多，且色相较正，因此笔者推荐法卡勒一代马克笔作为建筑手绘的着色工具。

1.2　纸

纸是建筑手绘的载体，本书推荐使用180g以上的肯特纸或白卡纸，这类纸纸面光滑、细腻，纸张较厚、不易洇渗，颜色反映真实，适合用于马克笔作品。

1.3　辅助工具

| 1.3.1　彩色铅笔 |

彩色铅笔分为油性和水溶性两种。油性彩色铅笔颜色较鲜艳且不溶于水。水溶性彩色铅笔色彩较柔和，蘸水后使用可以表现出水彩效果。彩色铅笔的绘画效果具有层次感，可以反复叠加，与马克笔配合使用效果更加丰富、生动。本书推荐使用辉柏嘉牌48色水溶性彩色铅笔。

| 1.3.2　色粉笔 |

色粉笔，西方多称软色粉，是一种用颜料粉末制成的干粉笔，一般为8～10cm长的圆棒或方棒，可用于绘制色粉画。色粉画，顾名思义，是一种有色彩的画，它既有油画的厚重感，又有水彩画的灵动感，且作画便捷，效果独特，深受西方画家的推崇。色粉笔除了用于色彩绘画外，还可用于有色纸素描中的高光绘制。本书将结合建筑手绘，介绍利用色粉笔绘制天空的方法，推荐使用马利牌48色艺术家色粉画笔。

| 1.3.3　修正液、高光笔 |

修正液和高光笔不仅是建筑线稿手绘中的修改工具，还是重要的增效工具。

修正液又称涂改液、立可白，是一种白色不透明快干颜料，不但可以用来修改画面，还可以为画面绘制高光、制作特效等。但是使用修正液绘制长线、细线有一定难度，必要时需利用直尺辅助。

高光笔笔尖和一次性针管笔笔尖相似，出水流畅，可画细长线条，在深底色画面上，可以表现某些细节，但是其白色的浓度不如修正液高，在表现高亮度效果时，高光笔稍逊一筹。因此，在手绘表现时为了画出更生动的效果，建议大家修正液和高光笔各准备一支，以便互相辅助，取长补短。

笔者常用的修正液为派通牌ZL72-W 4.2ml手绘专用钢头修正液（右图蓝色笔杆），常用的高光笔为三菱POSCA白色补漆笔（右图黑色笔杆、白色笔帽）。

| 1.3.4　美工刀 |

美工刀可以用来削笔和裁切画纸，锋利的美工刀可以将画错了的墨线刮掉，是手绘纠错的必备工具。

| 1.3.5　画纸固定工具 |

美纹纸可通过粘贴画纸边缘将其固定，该工具不伤纸面，易于徒手撕扯，性能与使用方式均优于胶带。

| 1.3.6　直尺、平行尺 |

在建筑手绘中，尺子一方面可以辅助长、直结构线的绘制，另一方面可用在手绘后期，辅助"修线"。具体来说，直尺可以用于各角度线条的连接，操作灵活；利用平行尺可以连续地画出平行线，有利于排版和平行线条的批量绘制。

| 1.3.7　橡皮 |

橡皮的作用在于擦拭铅笔稿，使画面洁净；另外，橡皮也是利用"色粉揉擦法"表现天空的辅助工具之一。

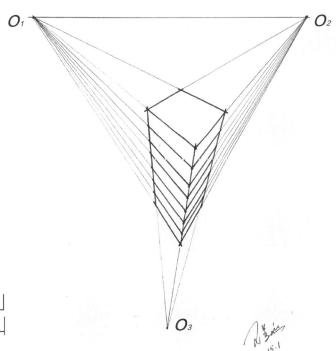

第 2 章

线稿绘制基础

线稿是手绘的骨骼，本章讲解线稿绘制基础的理论知识，在整个建筑手绘马克笔表现流程中具有重要作用。本章主要内容包括基础线条、基本透视原理、空间立方体透视训练、几何体造型组合训练等。

请读者仔细品读本章内容，"用线要领"和"最强转角线"的理论及操作方法要重点掌握。

2.1　基础线条

　　线条作为线稿的主要组成部分，堪称手绘的灵魂。在建筑手绘中，线条并不是画出即可，还需要对线条的准确度、力度、流畅度、虚实关系、疏密关系等方面予以思考，线条质量的好坏是衡量一个手绘者水平高低的主要标准。

| 2.1.1　拖线 |

1. 什么是拖线

　　拖线是手绘者用笔尖紧压纸面，缓慢而随意地运笔画出的线条，也叫慢线、抖线。拖线以轻松、自然为美，带有节奏感，富有细节变化，体现了手绘者的个人审美素养，蕴含了深层次的艺术魅力。

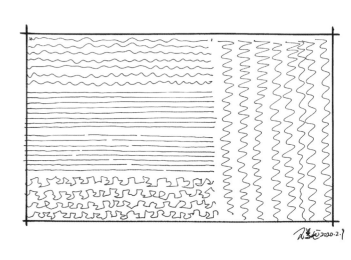

2. 拖线在建筑手绘中的应用

■ 徒手画大型建筑，可用拖线概括性地勾画其结构。

■ 用拖线绘制古建筑，有利于表现其沧桑感。

■ 利用拖线抖动的特征，可表现大面积绿化区域和植物。

| 2.1.2　划线 |

1. 什么是划线

　　划线是手绘者在纸上落笔后，先短程反复运笔形成粗顿的起点，再快速用线条划过纸面，最后收笔停顿，形成的一气呵成的挺直线条或弧线，也叫快线。划线以直挺、锋利为美，视觉上类似于尺规作图的线条，具有较强的视觉冲击力，给人以紧张、规整、坚硬的感觉，同时亦能体现手绘者的自信感。

　　在初学时因为不易掌握划线的平直、准确等要领，所以较难上手，但经过一定时间的持续训练，掌握其"手感"之后，应用了划线的画面便会给人耳目一新且专业性很强的感觉。由于划线运笔过快，绘制平行线、垂直线难度很大；另外，划线的线条语言较为直观，质感不如拖线好，内涵不如拖线丰富。

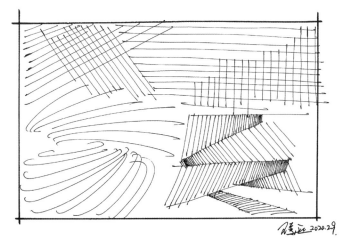

2. 划线在画面中的应用

■ 现代风格建筑常用划线。

■ 物体光洁面的表达常用划线。

■ 快速构思草图时，可用划线迅速找出建筑的形体比例和结构关系。

■ 手绘前期铅笔稿时，可用划线构图和勾勒画面的形体关系。

看似最简单的线条，在手绘中却是最重要、最难用好的绘画语言。这里将重点针对线条在建筑手绘中的一些常规使用要领进行讲解。

1. 画线要一步到位

绘画讲究用线流畅，手绘对线条更是有着严苛的要求。一条线，务必一笔画出，如果没画准，可以再画一遍，直至画准为止。切勿用很多短笔触马马虎虎地描出一条线，因为这是不会画线条的典型表现。

2. 画线要有力量

一件艺术作品无论外表上装饰得多么好看，若它不能给我们以力的感受，就不能称其为一件好的艺术品，建筑手绘中的线条也是如此。如何画出具备力量感的线条？画线时，大家可以联想弓弦或皮筋拉伸至最长时，均具备两端粗、中部极细的特点，正是这种粗与细的强烈对比，才产生了属于线条的巨大力量——张力（弹力）。基于此，建筑手绘画线应注意：起笔、收笔要顿笔，画线过程要放松，以线条两端粗、中部细的强烈对比，来营造线条的力量感。

3. 徒手画长直线

对于没有经过专业训练的人来说，徒手画一条长直线很难，甚至不可思议，但抓住运笔要领，多加训练，则可顺利达成。
其要领主要有以下 3 点：
① 握笔尽量靠后，手指不要遮挡眼睛观测笔尖接触纸面的位置；
② 先定好所画线条两端，再用线连接，运笔务求大胆、利落，避免瞻前顾后、拖泥带水；
③ 运笔时食指用力，尽量画下弯线，少画上弧线，多加练习、实践，更易画出接近直线的线条。

4. 线条要大胆画出头

在空间结构中，体块的角点，是需要重点强调的内容。处理体块角点时，各边线条要大胆画出头，可使结构更有冲击力，兼备较强的设计感。如各边线条汇聚不到角点，则显得结构粗糙、潦草；如各边线条刚好汇聚在角点，则显得结构过于拘谨、生硬。

在符合以上 4 项用线要领的前提下，我们分别用拖线（下面左图）和划线（下面右图）绘制几何体。

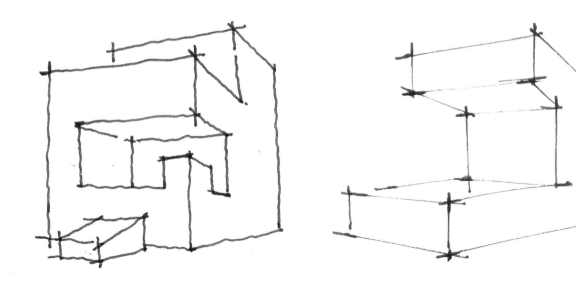

读者在练习手绘时，经常会受以往书写习惯的影响，如握笔太靠近笔尖、握笔姿势不正确等，这往往会造成与手绘用线要求相悖的结果，其常见问题如下。

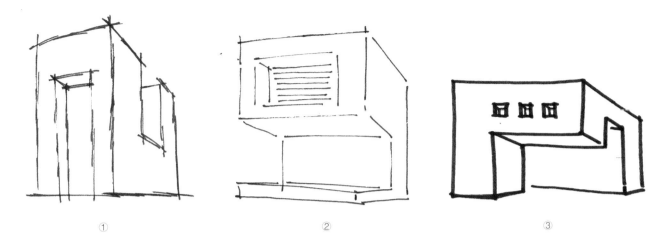

①　　　　　　　　　　②　　　　　　　　　　③

图①：一笔接一笔描画线条，线条不连贯、毛糙、缺乏流畅感。

图②：线条两端没有顿笔，且角点衔接不实，线条虚弱、萎缩，没有力量感。

图③：线条过实，画线时运笔太用力，事倍功半，线条显得笨拙、拘谨，没有精气神。

| 2.1.4　线条练习方法 |

线条是"最吃功夫""最枯燥"的训练项目，是初学者练习手绘的第一步。这里向大家提供几种手绘线条的练习方法，以期在训练中帮助大家在一定程度上摆脱枯燥感，尽快提高徒手画线能力。

1. 两点连线训练

选用 A3 版幅（够大）的复印纸（性价比高），先在纸上任意位置画两个点（两点间的距离一定要远），之后用拖线（下面左图）或划线（下面右图）的方式一笔连接两点。

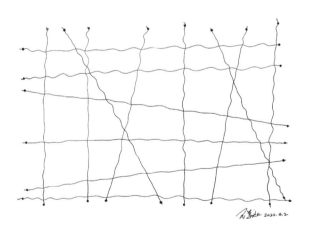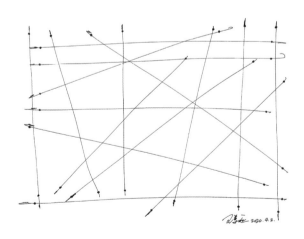

提示

① 如使用划线方式一笔连接不上两点，可重新连，直至一笔连上为止。

② 纸面上各角度的线都要画，水平线、垂直线、斜线要多练。

③ 纸张正反面都要画满，坚持每天画两张纸（划线和拖线各画一张），10 天左右自见成效。

2.线条准确性训练

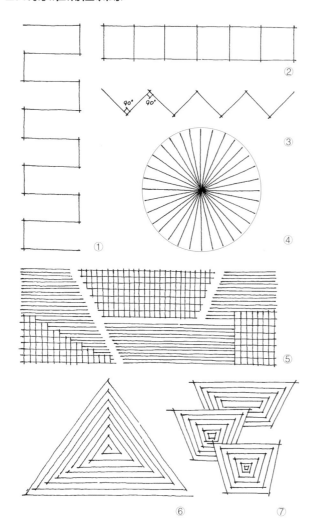

提示

① 弓字连续训练：水平线和垂直线分别等长，在画线前先用点确定好线条端点的位置，再进行连线，即可完成该训练，使用划线或拖线均可。

② 正方形分割训练：先画出上下两条平行线，再以平行线间的距离为标准长度，用竖线将两条平行线分割成若干正方形，使用划线或拖线均可。

③ V字连续训练：V字线夹角保持90°，所有的上交叉点和下交叉点，尽量分别保持在各自的水平直线上，使用划线或拖线均可。

④ 圆心发射线训练：先用铅笔画出圆周和圆心，再在圆周上，按照一定的间距画下各个端点，最后进行圆周上各点和圆心的连线，即可完成该训练，建议使用拖线。

⑤ 平行线训练：可先用铅笔勾出主要轮廓，再向水平和垂直方向画出平行线，建议使用拖线。

⑥ 同心三角形训练：需从内往外一层层地画，每画一条线需给下一条线"留头儿"，先画好定位点再连线，可保证线条的准确性，建议使用拖线。

⑦ 同心梯形训练：需先画出3个梯形的外轮廓图，再逐层画内部的梯形，建议使用拖线。

3.正方形绘制训练

本训练建议使用拖线。

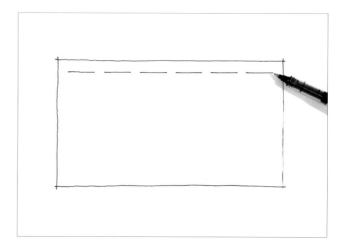

步骤01 用中性笔在纸上徒手画出长方形轮廓，注意横平竖直。

步骤02 在长方形轮廓内，用中性笔按照一定的间距，画出所需正方形的顶边。注意，运笔方向保持水平，运笔要一气呵成。

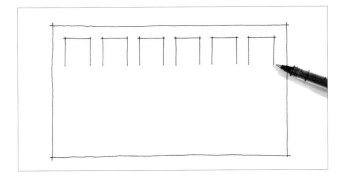

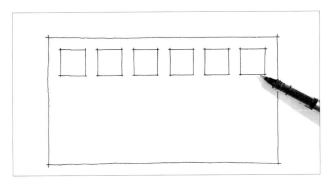

步骤 03 参照正方形顶边的长度，用中性笔画出每个正方形的左右两条边。注意尽量保持每个正方形边长和间距相等。

步骤 04 用中性笔画出第一行正方形的底边。

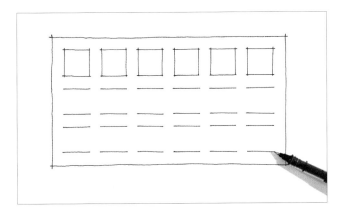

步骤 05 参照第一行正方形，用中性笔画出第二行、第三行所有正方形的顶边与底边。

步骤 06 参照第一行正方形，用中性笔画出第二行、第三行正方形的侧边，到此完成该训练。

4. 排线训练

建筑手绘中，排线是表达形体肌理、明暗、光影的必备技法，准确性和过渡性是该技法的重点。

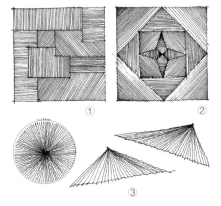

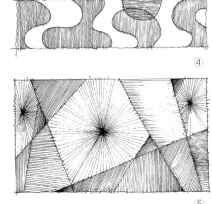

① ② ③ ④ ⑤

> **提示**

① 等宽排线训练：先画出正方形及内部分割结构线，再用等宽排线法完成该训练，建议使用划线。

② 过渡排线训练：先画出正方形及内部分割结构线，选择一个区域内颜色最深的一端紧密排线，之后逐渐拉大线的间距，变疏，直至完成该区域的排线。注意，不同区域的最密一端应避免相邻，建议使用划线。

③ 发射排线训练：先画出轮廓线（圆形用铅笔画），再确定发射点，从发射点起笔，画出密集的射线，建议使用拖线。

④ 横纵排线训练：先画出轮廓线，再以水平和垂直方向的排线完成填充，建议使用拖线。

⑤ 综合式排线训练：先画出长方形及内部分割结构线，再进行各方向排线训练，拖线或划线均可使用。

2.2　基本透视原理

就建筑手绘而言，透视是构图的依据，是一种科学性的体现。熟练掌握透视，并将其转化为自身的一种感觉、一种能力，可为建筑手绘打下良好基础。学习透视，首先必须理解透视的要素与类型。

▎2.2.1　透视的要素 ▎

透视的要素主要分为视平线和灭点两个方面。

1. 视平线（图中直线 L）

就建筑手绘而言，视平线是观察者观看建筑场景时，于双眼所在高度形成的水平直线。视平线高度的变化，决定建筑透视的变化。

2. 灭点（图中 O 和 O′）

就建筑手绘而言，灭点是建筑及场景进深线延伸所产生的相交点，即消失点。灭点必须位于视平线上，其位置及数量的变化，决定建筑物角度的变化。

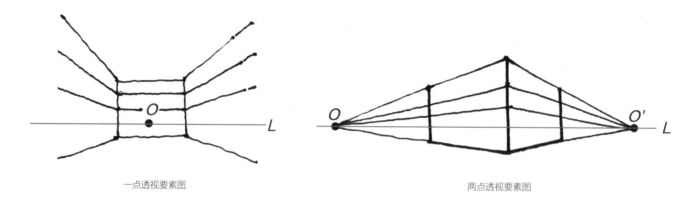

一点透视要素图　　　　　　　　　　　　　　两点透视要素图

▎2.2.2　一点透视 ▎

一点透视也叫平行透视，是指当建筑的各个立面中有与画面平行的面时产生的透视现象。

举例分析：右图为平面视图，我们分别站在图中 A、B、C 3 个位置，按照箭头的角度和方向观察建筑物时，都会产生一点透视现象。

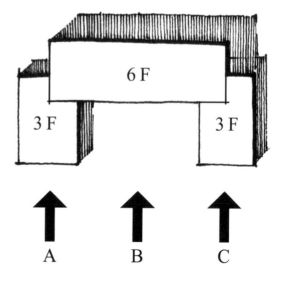

平面视图

在 A、B、C 3 个位置观看建筑物产生的具体透视现象如下图所示。

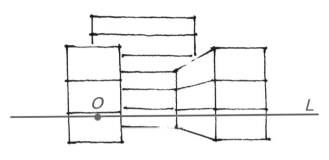

● A 位置透视图（直线 L 为视平线，点 O 为灭点）

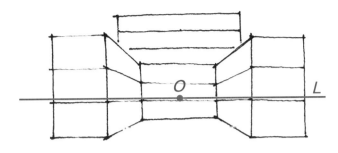

● B 位置透视图（直线 L 为视平线，点 O 为灭点）

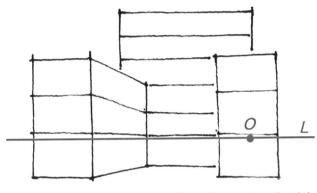

● C 位置透视图（直线 L 为视平线，点 O 为灭点）

| 2.2.3　两点透视 |

两点透视也叫成角透视，是指当建筑的各侧立面都不与画面平行时产生的透视现象。

举例分析：右图为平面视图，我们分别站在图中 A、B 两个位置，按照箭头的角度和方向观察建筑物时，都会产生两点透视现象。

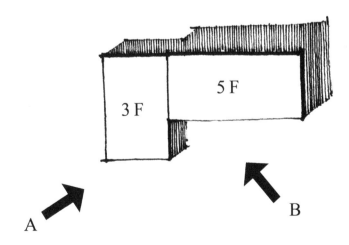

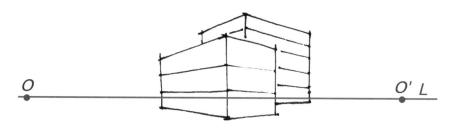

在 A 和 B 两个位置观看建筑物产生的具体透视现象如左图所示。

● A位置透视图（直线 L 为视平线，点 O、O' 为灭点）

两点透视在视平线上有两个灭点，根据要表示的建筑特征，两个灭点可全部在画面内，亦可全部在画面外，还可一个在画面内，另一个在画面外。两点透视适合表示大多数建筑场景，是建筑手绘需要重点掌握的透视规律。当视平线设置为人的身高高度时，为常用的平视角；当视平线设置为贴近地平线时，为犬视角；当视平线设置为高于或远高于建筑顶部时，为鸟瞰视角。

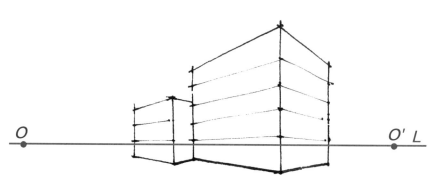

● B位置透视图（直线 L 为视平线，点 O、O' 为灭点）

| 2.2.4　三点透视 |

三点透视，从建筑手绘的角度来说，是在两点透视的基础上，俯视或仰视超高层建筑时，会在建筑物的"地下"或"天上"产生一个灭点，即三点透视的第三灭点。绘图时需将不同方向的结构线，准确地连接在相应的灭点上，才能获得三点透视的立体效果。

当视平线高于高层物体时，产生"地灭点" O_3，按照透视规律连接物体各边，可形成俯视图。按照该透视规律构成的建筑效果图——高层建筑俯视图。

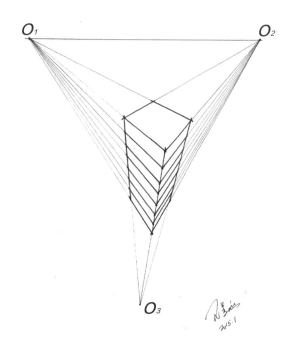

当视平线接近高层物体底边时，会产生"天灭点"O_3，按照透视规律连接物体各边，可形成仰视图。按照该透视规律构成的建筑效果图——高层建筑仰视图。

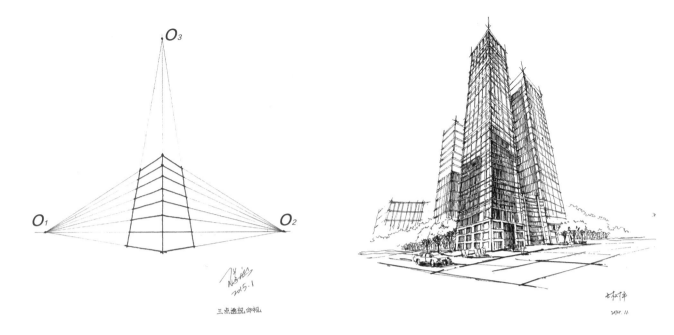

三点透视，仰视

2.3 空间立方体透视训练

| 2.3.1 一点透视空间立方体训练 |

1. 方法

在一张 A4 纸上，先在纸张纵向约 1/2 的位置画出视平线，之后在视平线中间画出灭点 O。开始画立方体时，先在纸上任意位置画正方形立面，然后将正方形各顶点与灭点 O 以徒手画线方式连接，形成若干条"进深边"，接下来以正方形的边长为参照，在其中一条"进深边"上截取与之相等的长度（要考虑透视因素）标记端点，最后过该端点画出正方体最靠后的轮廓边线，进而形成一个空间立方体。按照该方法，在整张纸上画满立方体。

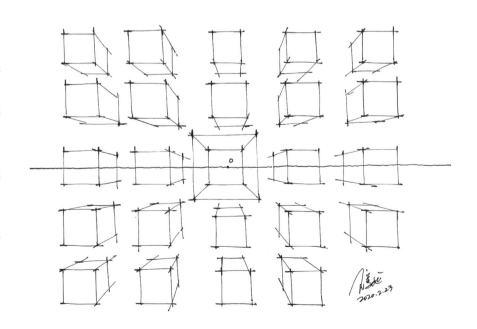

2. 要点分析

■ 根据一点透视的规律，在灭点 O 左侧的立方体，将呈现右侧的立面，反之亦然，且距离灭点 O 越远，侧立面显得越大。

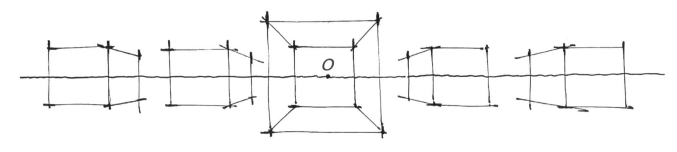

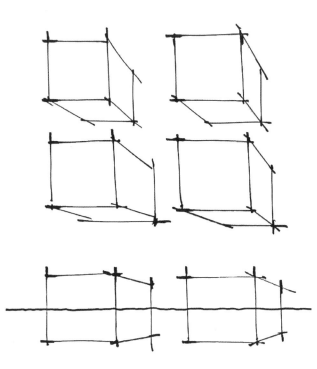

■ 立方体在一点透视空间内与视平线的关系：被视平线穿过的立方体，看不到顶面与底面；在视平线之上的立方体，可看到底面，反之亦然。无论底面还是顶面，距视平线越远，显得越大。

| 2.3.2　两点透视空间立方体训练 |

1. 方法

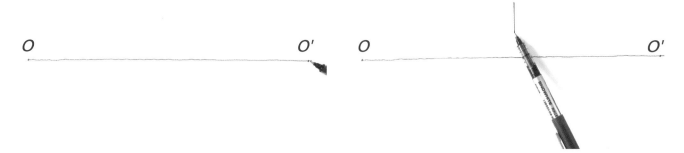

步骤 01 在一张 A4 纸上，先在纸张纵向约 1/2 的位置画出视平线，之后在靠近纸边的视平线两端画出灭点 O 和 O'。

步骤 02 开始画立方体，先画一条垂直于视平线的线，即立方体的"最强转角线"。

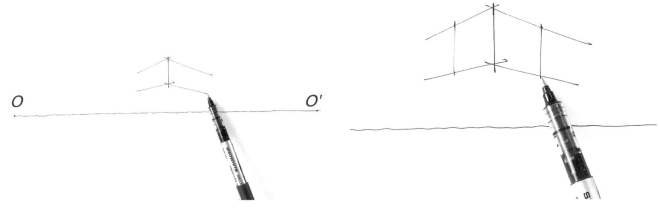

步骤 03 从最强转角线的上下端点分别向灭点 O 和 O' 画线，所画线长度与正方体边长相同即可停止画线。

步骤 04 以最强转角线的长度为参照，画出立方体的左右侧面。

步骤 05 按照两点透视规律，通过连线画出剩余面，形成完整的两点透视空间立方体。

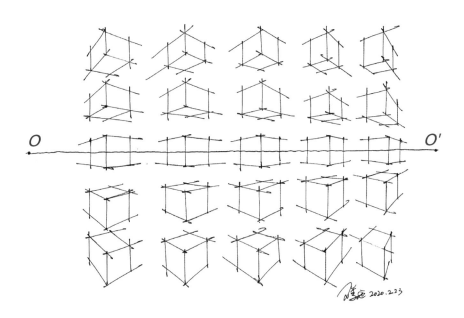

步骤 06 按照该方法，在整张纸上画满立方体。

2. 要点分析

■ 两点透视立方体都具备"最强转角线"的特征。如果视平线穿过立方体，则只能看到"最强转角线"左右的侧面，且距离一侧的灭点越远，相应侧面显得越大。

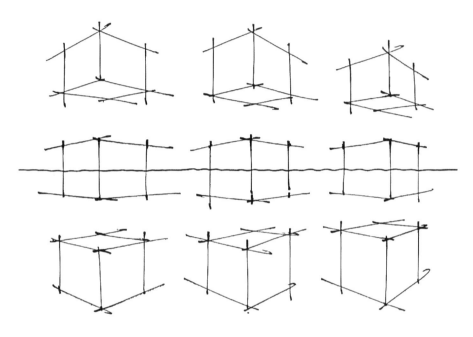

■ 位于视平线以上的立方体可看见其底面，位于视平线以下的立方体可见其顶面。

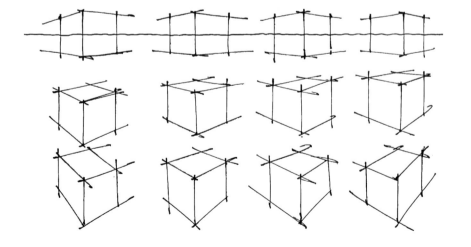

■ 立方体距视平线越远，其相应的顶面和底面就会显得越大。

2.4　几何体造型组合训练

在掌握基本透视规律的基础上，我们可以进行几何体造型组合训练，来提高我们对透视的掌控能力和对空间的理解能力。

| 2.4.1　几何体造型组合手绘方法 |

1. 一点透视几何体造型组合训练步骤演示

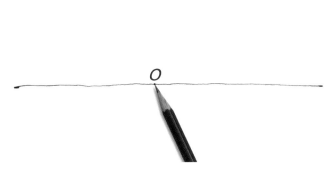

步骤 01 用铅笔在纸面靠下约 1/3 纸张垂直高度的位置，画出视平线和灭点 O。

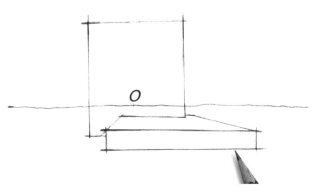

步骤 02 将所画几何体化零为整，用铅笔将化整后的几何体，按照一点透视规律绘出。

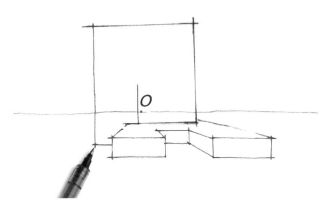

步骤 03 按照一点透视规律，用中性笔按照先近后远的顺序，在之前几何体的轮廓内绘制几何形体的细节结构。

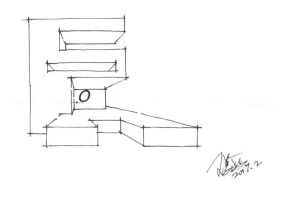

步骤 04 按照一点透视规律继续绘制，保持线条的力度与流畅度，直至绘制完成。

2. 两点透视几何体造型组合训练步骤演示

步骤 01 用铅笔在纸上画出视平线和灭点 O，另一灭点 O′ 超出画面，可将其位置记在心中。

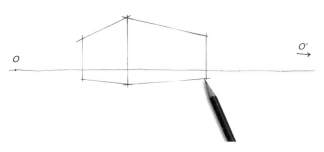

步骤 02 将所画几何体化零为整，用铅笔将化整后的几何体按照两点透视规律绘出。连向灭点 O′ 一侧的透视线，需参照视平线确定其倾斜度后再画出。

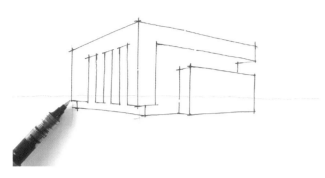

步骤 03 按照两点透视规律，用中性笔以先近后远的顺序，在之前几何体的轮廓内绘制几何形体的细节结构。

步骤 04 按照两点透视规律继续绘制，保持线条的力度与流畅度，直至绘制完成。

| 2.4.2　几何体造型组合线稿合集　|

　　下面为一点透视几何体造型组合线稿合集。

下面为两点透视几何体造型组合线稿合集。

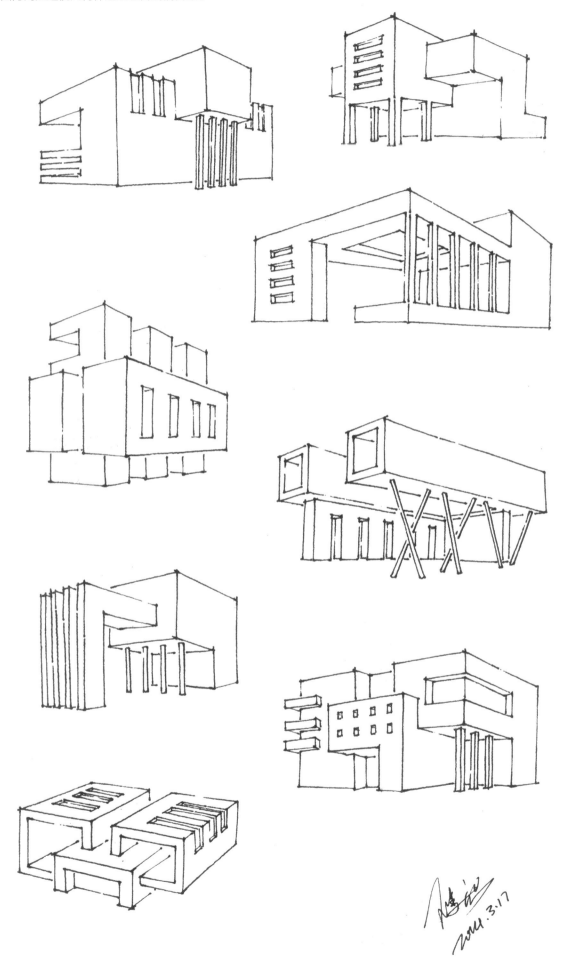

第 **3** 章

马克笔着色基础

马克笔是建筑手绘的主要着色工具。市场上马克笔品牌繁多，色彩型号不计其数，为了方便初学者以最实惠的价格选择最高效的配置，以完成精彩的建筑马克笔手绘表现，本书在法卡勒品牌中精选了 72 色供大家学习使用。本章主要内容包括：怎样选色、马克笔的用法、马克笔的笔法、马克笔的叠色、马克笔配色技巧、马克笔表现几何形体明暗，以及光影、质感的马克笔表现等。

请读者仔细品读本章内容，"斜推"运笔，"排笔法、搓笔法、点笔法、扫笔法" 4 种笔法，以及"平涂提框法、搓点结合法、彩铅叠加法、色粉揉擦法" 4 种天空手绘技法的理论与操作方法要重点掌握。

3.1 怎样选色

马克笔的笔杆上有色标和型号，但有时色标与笔芯真正的颜色是有误差的，而型号又不方便记忆，这些问题造成很多初学者用错色或乱用色，致使画面色彩不和谐。为了在绘制中能够轻易地选出颜色合适的马克笔，我们可以针对自己拥有的马克笔，在纸上自制一张色卡，当需要作画选色时，只需对照色卡选择即可。

本套马克笔全部为法卡勒一代马克笔。辅助工具还需配置派通牌修正液一支、樱花牌高光笔一支、48 色水溶性彩铅一套及 36 色色粉笔一盒。

建筑手绘专用马克笔型号——法卡勒 72 色

PG38	PG39	PG40	PG41	PG42	YG262	YG264	YG266
182	183	GG63	GG64	GG66	BG85	BG86	BG88
NG278	NG279	NG280	NG282	191	RV216	R140	R142
R143	R144	R148	RV150	RV160	RV161	E172	E174
RV130	E132	E133	E168	E169	Y1	Y3	Y5
Y17	Y9	E246	E247	YG23	YG24	YG26	YG30
YG37	GY44	G59	G60	G61	G56	G57	G58
G50	BG62	BG106	BG95	BG97	BG92	B240	B241
B242	BG84	BG107	BV192	BV195	B196	E124	V125

3.2 马克笔的用法

使用马克笔进行创作，首先要对其性质和笔法进行深入的了解。相较而言，油性马克笔价格较高，水性马克笔的使用方法不易掌握，酒精性马克笔性价比较高，深受手绘初学者喜爱。

3.2.1 马克笔的 4 种笔宽

马克笔两端分别为粗细两种笔尖，粗的一端可画出宽、中宽、窄 3 种笔宽（右侧左图），细的一端可画出最细的笔宽（右侧右图）。

建议作画时尽量以粗笔尖的使用为主，合理改变其宽度进行着色，做到点、线、面相结合。另外，使用马克笔作画，运笔应以划线的动作要领为主，下笔要利落、干脆，不能拖泥带水。

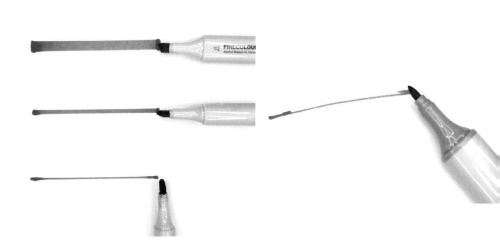

| 3.2.2　如何正确使用马克笔 |

　　使用马克笔的基本要领为：落笔要实、运笔要畅、靠线要齐、叠色要薄等。很多初学者在首次接触马克笔时，常出现各种用笔错误，为了便于纠正入门阶段的使用误区，现就正确用笔和错误用笔的现象做出总结，如右表所示。

	正确用笔		错误用笔	
	平推			笔没有完全压实纸面
				运笔不流畅
	斜推			运笔太慢
	叠加			叠加次数太多，过度圈、描边缘线
	点笔			点笔太过僵硬

3.3　马克笔的笔法

　　当拥有一定的马克笔使用"手感"时，应该开始学习使用马克笔作画的几种常用笔法，以使创作流程更加得心应手。

| 3.3.1　马克笔的 4 种笔法 |

　　本书将马克笔的常用笔法总结为排笔法、搓笔法、点笔法、扫笔法 4 种，通过这 4 种笔法的活用与组合，将创造出一幅幅生动、写实的建筑手绘效果图，主要操作方法如下。

1. 排笔法

　　排笔法，顾名思义就是按照一定的规律和方向，一笔笔地排列笔触来塑造形体的体面色彩关系。这是马克笔手绘最初级、最实用的技法，需要表现建筑物的体和面时通常都会应用该笔法。但是，考虑受到光照的影响，每个面都会产生明暗过渡层次，因此，使用排笔法不能一味地平铺，应利用马克笔宽、中、窄不同笔触，并结合留白，体现深浅过渡层次。

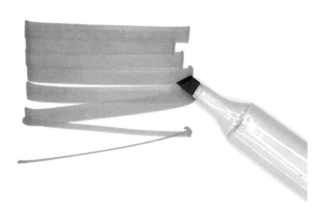

2. 搓笔法

　　搓笔法是应用马克笔反复叠加笔触表现色彩细微层次的变化，来取得"微过渡"效果的一种技法。通常情况下，当表现物体较为光滑的表面时，可在表面颜色较深的部位反复叠加笔触，达到颜色较为厚重的效果，然后往两侧轻微搓笔，逐渐减少叠加颜色的次数，直至与该面底色实现和谐的过渡效果。

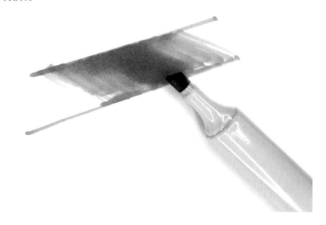

另外，在表现建筑手绘的天空时，可选择浅蓝色马克笔，通过短笔触反复进行多方向叠加、过渡，实现色彩微层次的变化，来表现蓝天部分，再结合留白处理，表现白云部分，进而展现整幅天空的画面意象。

搓笔法是一种难度较高的运笔方法，对手绘者操控马克笔的准确度、落笔的轻重、运笔的速度都有一定要求。另外，在颜色的选择上，不能用过深的颜色，否则难以实现微层次的过渡效果，在表现天空时搓笔法还要与点笔法相结合，使蓝天、白云过渡得更加自然。

3. 点笔法

点笔法是利用马克笔的宽头部分绘出点笔笔触，通过小色块的聚散，体现色彩过渡关系的一种技法。这种笔法看似容易，但是对手绘者的构图能力有一定要求。首先，点笔要求笔触的形状饱满而多样。每一次点笔都要在画面上落实，形状饱满，并充分利用宽笔头的笔触变化，形成丰富多样的"点"。其次，要注意笔触的疏密变化。通常情况下，先用点笔法绘制密集区域，然后把点逐渐疏散开，实现过渡效果。

4. 扫笔法

扫笔法，类似于排笔法的变形，通常操作为先将马克笔最宽的笔触落实纸面，然后快速扫向另一端，不用收笔，直接留下飞白的笔触效果即可。这种笔法较易操作，但难在很多手绘者使用的时机不对。笔者认为，绝大多数情况下，不宜将扫笔尾端的飞白笔触直接暴露在画面较亮的底色上，因为扫笔笔触与其他笔触不是很协调，控制不好会使画面给人潦草的感觉。因此，往往在相邻颜色明度差别不大的情况下使用扫笔，既可使色彩和谐过渡，又可留下笔触。例如，立体造型的暗部和反光，使用扫笔实现过渡效果较好。另外，在扫笔的过程中，由于笔速较快，笔触轻薄，颜色具有很强的透明感和光泽感，利用这一点，使用扫笔表现物体受光面时，可使该面显得光滑、通透，而扫笔尾端的笔触可扫入形体的暗部，进而被暗部更深的颜色覆盖，不会暴露于画面上。

总之，排笔法、搓笔法、点笔法、扫笔法4种笔法，是建筑马克笔手绘技法之根本，在完整的建筑手绘效果图中，这些笔法还需相互渗透、彼此融合，才能实现更为生动的效果。

| 3.3.2　马克笔笔法综合训练 |

为更清晰地展示一幅建筑手绘效果图中各种笔法的使用要点，大家可参考以下步骤，并进行同步操作训练。

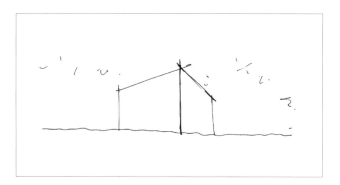

步骤 01 可直接用中性笔绘制犬视角建筑场景模拟图，立方体代表建筑，其后的自由线条代表背景树轮廓。

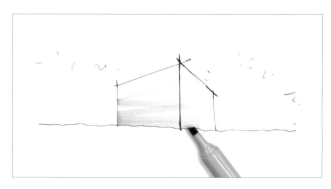

步骤 02 设置光源在画面左上角，用马克笔 NG278 为立方体受光面着色。以扫笔法，从受光面的左边靠线处画起，务必一笔扫入立方体背光面，将笔触的前半部分保留在立方体受光面里，这种保留笔触所形成的光泽，是排笔法难以企及的。

步骤 03 用马克笔 NG280 为立方体背光面着色。以竖向排笔的方法，从左侧明暗交界线的位置向右侧排起，当排笔面积超过该面面积的 2/3 时，笔触逐渐变细，适当为反光部分留白，注意排笔法最后一笔细笔触，不必一气呵成，最好先酝酿一下再画，要体现出十足的力量感。

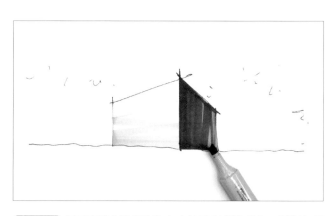

步骤 04 用马克笔 NG279 为立方体反光部分着色。以竖向扫笔法，轻轻扫过之前背光面留白的反光部分，切勿过多在之前用马克笔 NG280 所画的部分着色。

> **提示**
>
> 之所以使用扫笔法，就是为了减少浅色与原有深色过多的叠加，避免把颜色涂脏。

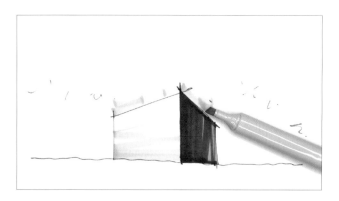

步骤 05 用马克笔 B240 为画面的天空部分着色。先以排笔法，顺着建筑与天空衔接的边缘线着色，画满天空与建筑、背景树之间的夹角，再进行后续操作。注意天空的颜色不要把建筑外轮廓"圈死"，适当断开留白，为接下来表现白云部分做好铺垫。

步骤 06 用马克笔 B240 以搓笔法渲染天空。以短笔触搓笔，画完一排颜色后，再变换角度画另一排颜色，两排颜色之间可以有所叠加，即"短搓笔"笔法。先选择最密集的部分绘制，适当空出背景树的轮廓，适度为白云留白。

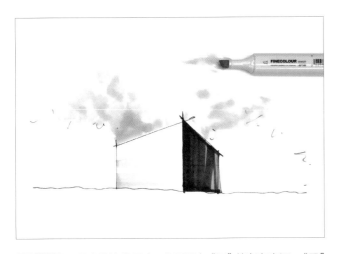

步骤 07 用马克笔渲染天空，心里要有"云"的存在意识，"云"需要留白予以表示。当画面笔触较为密集的左半部分画完以后，画面的右半部分应以留白为主，适度用"短搓笔"笔法点缀些天空的蓝色，画到该阶段时，搓笔法应运用得灵活一些，形成更为丰富的天空变化效果。

步骤 08 继续使用马克笔 B240 完善天空效果。当前的蓝天与白云之间，笔触过渡仍显生硬，因此，可以使用点笔法，在蓝色与留白之间的衔接处以点笔笔触进行过渡处理，使蓝天与白云衔接得更加柔和。注意，点笔笔触的运用应灵活多样、以少胜多、避免重复。

步骤 09 用马克笔 G58 为背景树着色。先以画天空部分的"短搓笔"笔法，为背景树大面积着色，注意为背景树与建筑外轮廓的衔接处着色时靠线要整齐。另外，背景树的边缘部分应适当使用点笔法绘制，与天空自然衔接；背景树的左右两侧，可使用充满力度的细笔触收边，营造规整的边缘效果。

步骤 10 用马克笔 GY44 画建筑下方的绿地。先以排笔法，贴着建筑的落地线横向排笔，排完 2 ~ 3 条宽笔触后，逐渐将笔触变窄，同时进行留白。注意，最后一笔细笔触，一定要从左往右画，表现出力量感和流畅感。

步骤 11 用马克笔 YG24 为绿地润色。以扫笔法在绿地的留白空隙处轻扫颜色，并可适当留下细笔触。注意避让之前所画的绿色，切勿过多用浅色叠加深色，以免把颜色涂脏。

步骤 12 调整画面，完成最终效果图。

3.4 马克笔的叠色

合理增加颜色覆盖的次数，可使画面颜色略微加深，进而产生色彩明度层次的微差，这是马克笔工具的一大特性。善于利用这一特性可为画面增加更为细腻、柔软、光滑的质感，之前的马克笔搓笔法，就是对此特性的应用之一。然而，如果马克笔选色不当、叠色方法不当，容易弄巧成拙，以下分别讲述正确叠色和错误叠色的案例。

1. 正确的叠色

同一颜色进行叠加，颜色可略微加深（右侧左图）。不同颜色叠加时，要先铺浅色，再覆盖深色，才能实现完美的叠加效果（右侧右图）。

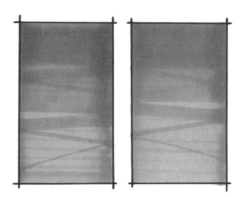

2. 错误的叠色

明度相近的不同色相的颜色叠加时容易产生脏色（右侧左图）。不同颜色叠加时，如果先铺深色，再覆盖浅色，也容易产生脏色（右侧右图）。

3.5 马克笔配色技巧

本书精心选择的法卡勒 72 色马克笔，可以进行多个色系的配套组合，除囊括建筑手绘所需的各种颜色之外，对于景观设计、室内设计的手绘同样适用。

我们进行建筑手绘所涉及的内容都是三维物体，因此，即使我们表现一个最简单的单色物体，也要按亮部色、固有色、暗部色的关系搭配同一色系的 3 种颜色，如表现红色物体，我们要选择浅红色、大红色、深红色 3 种颜色。根据这一原则，我们可先根据色彩纯度，把现有的马克笔分为灰色系和纯色系两大系列，再按照色相和明度规律，为每个系列设置多种配色方案，以供手绘时参考。

■ 灰色系色彩搭配方案

红灰 01

PG38	PG39	PG40	PG41	PG42

红灰 02

E132	E133

黄灰 01

182	YG262	183	YG264	YG266

黄灰 02

182	183

绿灰 01 / **绿灰 02** / **紫灰**

GG63	GG64	GG66	BG62	BG106	E124	V125

蓝灰 01

BG85	BG86	BG107	BG88

蓝灰 02

BG84	BG107

中灰

NG278	NG279	NG280	NG282	191

■ 纯色系色彩搭配方案

红色 01

RV216	R140	R142

红色 02

R143	R144	R148	RV150

橙色

YR160	YR161

木色 01

E172	E174	RV130	E132	E133

木色 02

E174	E168	E169

黄色 01

Y1	Y3	Y5	Y17	Y9

黄色 02

E246	E247

绿色 01

YG23	YG24	YG26	YG30	YG37

绿色 02 / **绿色 03** / **绿色 04**

YG24	GY44	G59	G60	G61	G56	G57	G58

蓝色 01

BG95	BG97	BG92

蓝色 02

B240	B241	B242

紫色

BV192	BV195	B196

3.6　马克笔表现几何形体的明暗及光影

熟悉了马克笔的基本知识和使用方法之后，我们需要以几何形体为素材，由浅入深，由简入繁，进行多样的马克笔技法训练，实现从入门到精通。

| 3.6.1　单个面的马克笔表现 |

面是构成体的主要组成部分，通常使用排笔法进行表现。考虑受到光照的影响，每个面都会产生明暗过渡层次，因此，使用排笔法不能一味地平铺，应利用马克笔宽、中、窄的不同笔触，并结合留白，体现深浅过渡层次。

步骤 01 用中性笔画出长方形的轮廓线，设置光源在画面右上角。注意轮廓线要横平竖直。

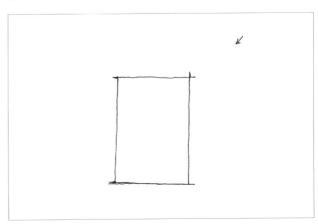

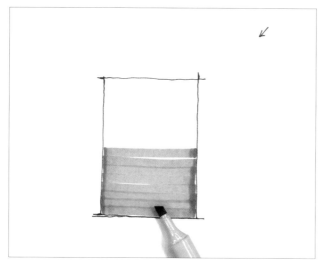

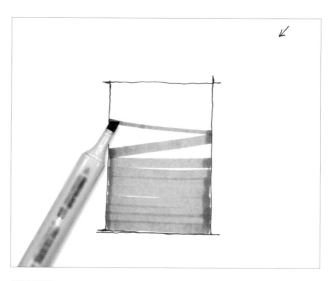

步骤 02 光从画面的右上角射来，该长方形上部较亮，下部较暗。用马克笔 E132 以排笔法，从长方形下底边画起，一笔笔往上排，排到大约长方形垂直高度 1/2 的位置。注意，运用排笔法时，个别笔触之间留出的缝隙可使画面更加自然，不要刻意用颜色补上。

步骤 03 接下来要通过马克笔笔触的变化表现该长方形颜色由深至浅的过渡效果。在步骤 02 的基础上，先用马克笔最宽笔触，向上倾斜一定角度画出第一笔，再将马克笔宽笔头向右旋转 90°，利用中宽笔触自左向右画出第二笔。注意运笔方向要正确，且两笔的右端需连接。

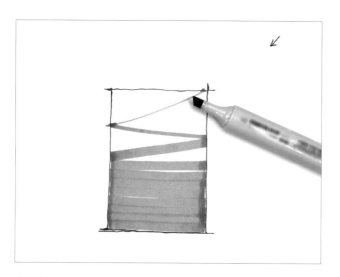

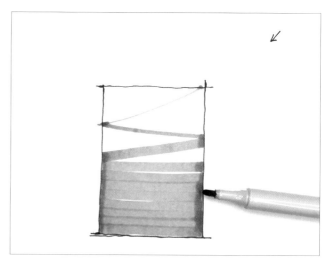

步骤 04 在步骤 03 的基础上，将马克笔宽笔头向右再旋转 90°，利用窄笔触自左向右画出最后一笔。注意，窄笔触要有足够的顿笔并画得纤细，体现出线条的张力。如用宽笔头画该笔触有难度，可换为用马克笔另一端的细笔头完成该步操作。

步骤 05 利用马克笔的窄笔触轻扫两侧边缘，实现靠线整齐。调整画面，完成最终效果图。

| 3.6.2　几何单体的马克笔表现 |

在单个面的马克笔表现基础上，进一步绘制立体造型。首先确定光源的方位和颜色，之后按照素描关系，以高光、亮部、灰部（固有色）、明暗交界线、暗部、反光、投影的位置为依据进行着色。

1. 平透视立方体的马克笔表现

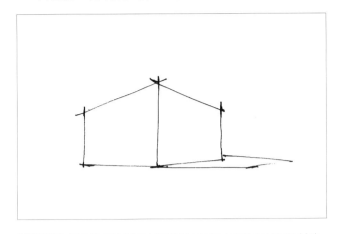

步骤 01 用中性笔绘制两点透视的平透视立方体及其投影轮廓。

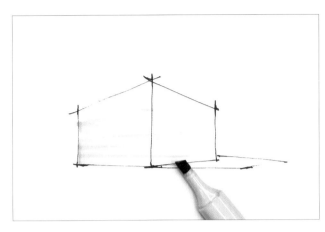

步骤 02 设置光源在画面左上角,用马克笔 BG85 以扫笔法为立方体受光面着色。注意从立方体最下端往上一笔笔横向扫笔,密排笔触达到受光面垂直高度 1/3 时,变换扫笔笔触宽度,实现亮部层次过渡。

步骤 03 用马克笔 BG88 为立方体背光面着色。先以竖向排笔法,画出暗部的颜色,并用笔触变化为反光部分留白;再以窄笔触轻扫,实现暗部各边颜色的靠线整齐。

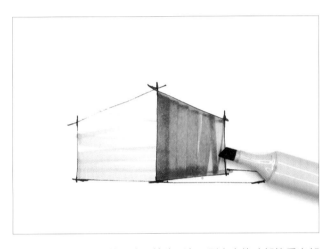

步骤 04 假设立方体周边环境为暖色,则立方体暗部的反光部分偏暖。用马克笔 PG39 以竖向扫笔法,轻扫之前为反光部分留白的区域,补满立方体反光部分的颜色。

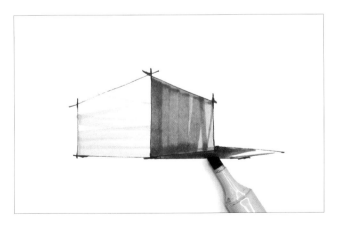

步骤 05 假设立方体周边环境为暖色,立方体的投影亦应该也是暖色。用马克笔 PG41 沿着立方体接地线的方向排笔,完成投影的主体颜色。注意投影与立方体衔接部分的颜色深而且实,投影右侧边缘将逐渐变虚,可变换笔触宽度,适当留白,以备在下一步骤补色。

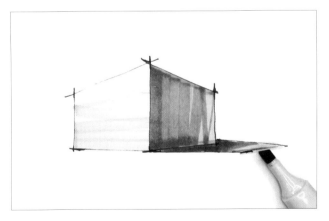

步骤 06 用马克笔 PG39 为投影右侧留白的部分补色,实现投影色彩层次的和谐过渡。

2. 俯视立方体的马克笔表现

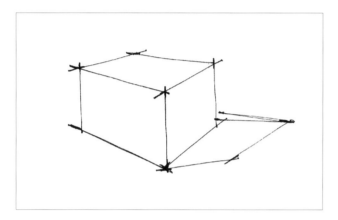

步骤 01 用中性笔绘制两点透视俯视立方体及其投影轮廓。

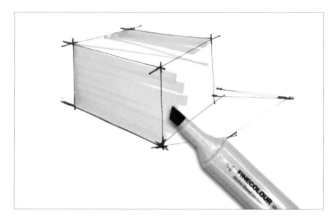

步骤 02 设置光源在画面左上角，俯视立方体顶面为亮面、左立面为灰面、右立面为暗面。明确明暗关系后，用马克笔 Y5 以之前讲的"斜推"排笔法（见 3.2.2），为立方体顶面着色，先从后方较暗部分画起，以宽笔触排两行之后，变换笔宽，过渡到高光位置，亮面和灰面之间要有足够的留白，以表示高光。接下来，用排笔法将立方体灰面满铺，铺一遍色即可，无须细分灰面的明暗层次。注意，亮面和灰面的笔触尽量一笔画入暗面之中。

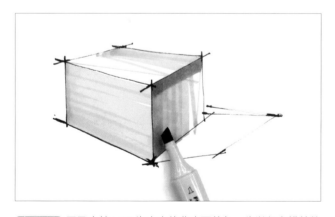

步骤 03 用马克笔 Y17 为立方体背光面着色。先以竖向排笔的方法，画出暗部的颜色，并用笔触变化为反光部分留白；再以马克笔 Y9 沿着暗面上边和左边，以宽笔触各排一笔，以表示明暗交界线。注意，用笔要干净利落，靠线一定要整齐。

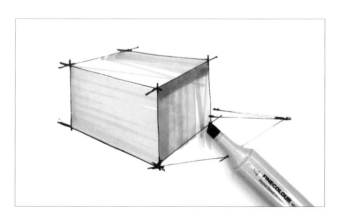

步骤 04 用马克笔 YG262 以竖向扫笔的方法，轻扫之前为暗部反光部分留白的区域，为立方体反光部分补色。

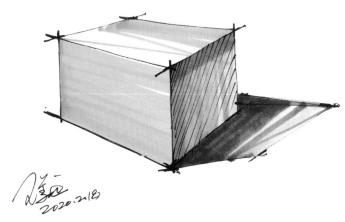

步骤 05 用马克笔 YG264 沿着立方体接地线的方向排笔，完成投影主体部分的颜色，在投影右侧边缘处，适当变换笔触宽度予以留白。再用马克笔 YG262 为投影右侧留白区域补色，实现色彩层次的和谐过渡。

步骤 06 调整画面，完成最终效果图。

3. 圆柱体的马克笔表现

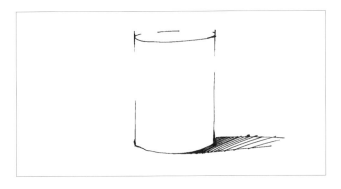

步骤 01 用中性笔绘制圆柱体及其投影轮廓。注意，画平透视时，尽量把视平线压低一些，因为在效果图中视平线较低的情况居多，所以，圆柱体的顶平面应画得"薄"一些。

步骤 02 设置光源在画面左上角。为了将圆柱体柱身的弧度感清晰地表现出来，我们可以设置圆柱体顶平面为灰面，而柱身包括亮部、灰部、明暗交界线、暗部、反光等层次。用马克笔 BG85 先以"斜推"排笔法，将圆柱灰面颜色铺满；再用竖向排笔法，迅速画出柱身的明暗交界线。注意，为了保持圆柱体直挺、光滑的感觉，如徒手使用马克笔难以将垂直线画直，本步骤可以使用直尺加以辅助。

步骤 03 继续使用马克笔 BG85，变换笔触宽度，先向右画出柱身暗部颜色，反光部分适度留白；再向左画出柱身灰部，亮部留白；最后沿着柱身下边缘弧线方向，画出圆柱体底部较暗的颜色。注意，每种颜色过渡部分都要使用窄笔触，实现和谐过渡；另外，对柱身最靠左侧的竖向轮廓线，应使用马克笔 BG85 补上一笔垂直的中宽笔触，以示左侧柱面向后转折的趋势。

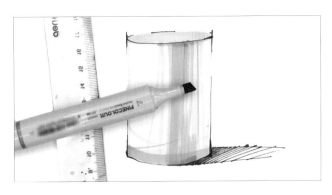

步骤 04 用直尺辅助马克笔 BG86，用竖向扫笔法加强柱身明暗交界线的层次，扫笔方向以由上往下扫为主。注意，扫笔区域控制在明暗交界线区域内，不要扩展过大，适当使用该笔的窄笔触，实现柱身弧面颜色的衔接与过渡。

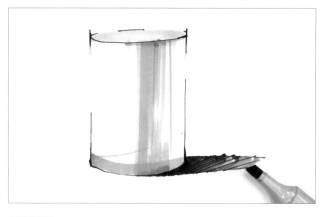

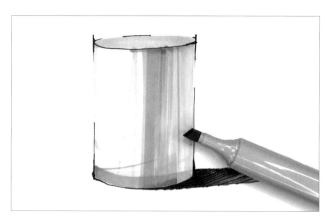

步骤 05 假设周边环境为暖色，则圆柱体的投影应为暖灰色。用马克笔 PG41 沿着圆柱体接地线的弧线方向排笔，画出投影的主体颜色，并适当变换笔触宽度为右侧边缘区域留白。再用马克笔 PG39 为投影留白部分补色，实现投影色彩层次的和谐过渡。

步骤 06 假设周边环境为暖色，圆柱体的反光部分应呈现暖灰色。使用马克笔 PG38，用竖向扫笔法为柱身右侧的反光部分着色。

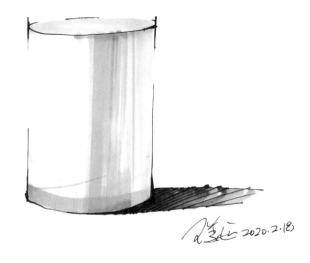

步骤 07 调整画面，完成最终效果图。

4. 曲面体的马克笔表现

步骤 01 用铅笔绘制曲面体轮廓，注意中轴线对称和透视关系。

步骤 02 用白雪牌中性笔在步骤 01 的基础上绘制曲面体造型及投影，投影区域可通过排线予以强调。

步骤 03 设置光源在画面左上角。用马克笔 YG262 以弧线排笔法，从明暗交界线开始画出曲面体明暗交界线、暗部、灰部的颜色，亮部与反光部分留白。注意笔触的宽窄变化。

步骤 04 假设周边环境为冷色，则曲面体的投影应为冷灰色。用马克笔 BG86 为两个投影区域着色。

步骤 05 用马克笔 BG88 加深曲面体地面投影区域的右半部分颜色，突出曲面体底边轮廓线；再用马克笔 BG85 以扫笔法为曲面体暗部的两个反光部分着色。

步骤 06 变换笔触宽度，用马克笔 YG264 加重曲面体明暗交界线的颜色，进而增强曲面体的"凸起感"。

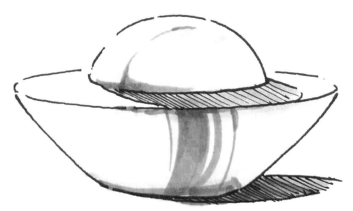

步骤 07 调整画面，完成最终效果图。

| 3.6.3 组合几何体的马克笔表现 |

几何单体的马克笔表现训练结束后，我们可以进一步了解组合几何体的马克笔表现。

1. 组合几何体的马克笔表现

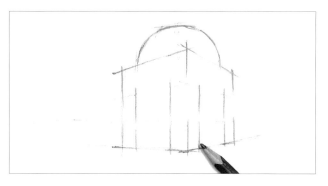

步骤 01 选择 1/2 版幅的 A4 手绘纸，先用铅笔画出视平线与灭点（视平线的高度大约在版幅垂直高度的 1/3 处，灭点在纸边两侧的视平线上）。按照透视规律初步绘制组合几何体造型。

步骤 02 用铅笔画出左右两个拱券形门洞的中轴线，并确定拱券弧形两个端点和顶点位置。

步骤 03 根据步骤 02 定出的端点，用铅笔画出左右两个拱券形门洞。再根据透视规律，画出后面两个门洞。

步骤 04 设置光源在画面的左上角。先用三菱牌 0.5 型签字笔画出组合几何体造型的结构与投影轮廓，再用排线填充投影区域，注意排线的方向和疏密关系。

步骤 05 用马克笔 NG278 以扫笔法为该组合几何体下半部的受光面着色。注意最前方立面亮部的上端尽量多留白，其后的立面亮部只需用该色铺满即可，无须留白，形成对比，以拉开空间层次。

步骤 06 用马克笔 NG280 以排笔法为该组合几何体下半部的背光面着色，反光部分少量留白。

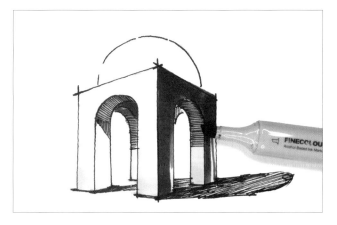

步骤 07 用马克笔 NG279 以排笔法为该组合几何体下半部结构上的投影区域着色。因为事先已经用排线强调并区分了投影区域，所以在本步骤只需为其"罩"上一遍颜色即可，无须使用过多的技巧。

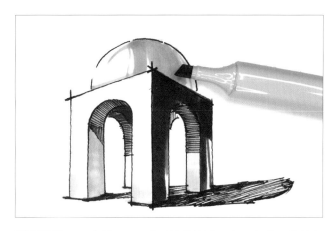

步骤 08 用马克笔 R143 以弧线排笔法画出顶部曲面体的灰部、明暗交界线及暗部的颜色，亮部与反光部分留白。注意笔触的宽窄变化。

步骤 09 用马克笔 R144，加强顶部曲面体的明暗交界线。

步骤 10 假设周边环境为暖色，则组合几何体的投影应为暖灰色。用马克笔 PG41 与 PG39 完成其在地面投影区域的着色。

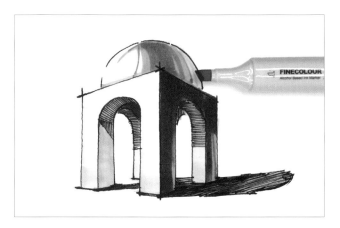

步骤 11 用马克笔 PG39，以扫笔法完成组合几何体下半部反光部分的着色。用马克笔 PG38，以扫笔法完成组合几何体上半部反光部分的着色。

步骤 12 调整画面，完成最终效果图。

2. 组合几何体的马克笔表现合集

为满足读者在本环节的练习需求，以下为组合几何体的马克笔表现合集，仅供学习与参考。

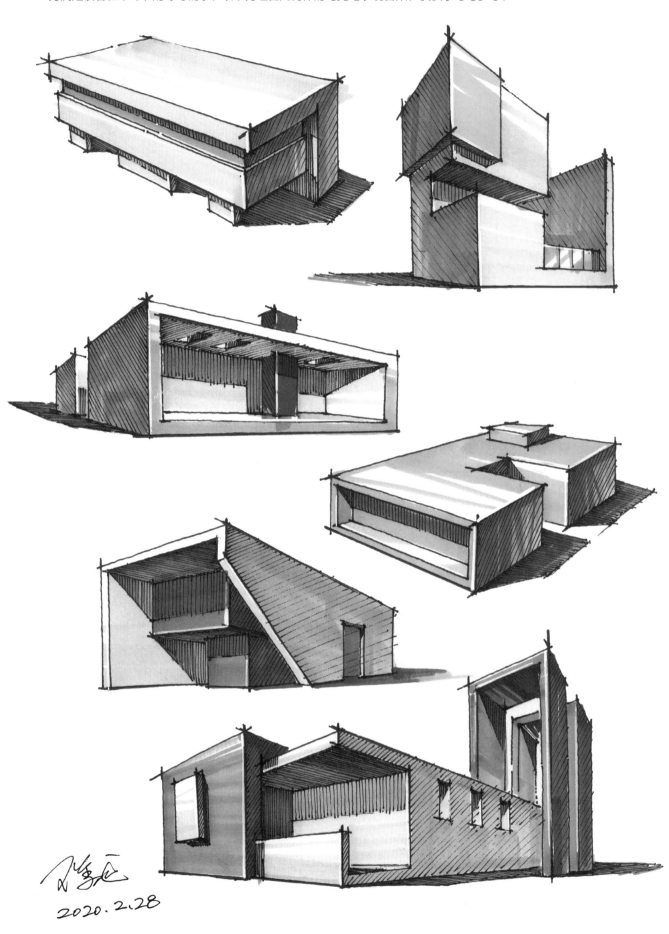

2020.2.28

3.7　质感的马克笔表现

　　用马克笔表现材料的质感，不仅要了解材质本身的特性，更要分析其所处环境的光色影响，切不可孤立对待。为了画好各种材质，大家要注意以下几点：（1）确定光源的位置；（2）准确选择表现材质的相应色系；（3）做好线稿对肌理的表达；（4）选择最合适的马克笔笔触方向；（5）注意形体的虚实关系。

　　为了方便读者进行同步操作，本书以比较容易绘制的组合几何体为载体，演示不同质感的表现步骤。

| 3.7.1　木材质感马克笔表现 |

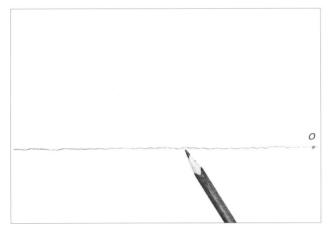

步骤01 选择 A4 版幅手绘纸的 1/2 作画，先用铅笔在纸张靠下约 1/3 处画出视平线。本图为两点透视，在纸张最靠右侧位置的视平线上画第一个灭点 O，另一个灭点设置在纸张左侧之外的视平线上，不必强行画出，做到心中有数即可。

步骤02 按照两点透视的规律，用铅笔画出组合几何体整体的外轮廓。注意最靠前的顶点夹角（即图中最高顶点）控制在120°左右，其与地面衔接的左侧结构线，尽量画得接近水平，以表现稳定感。

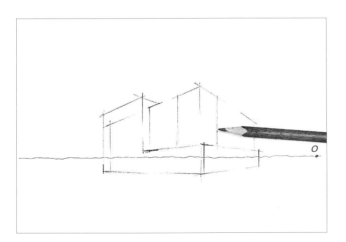

步骤03 按照两点透视的规律，用铅笔进一步画出组合几何体的具体结构。注意，左侧灭点在画面外，绘制透视线时，应以步骤 02 所画的轮廓线倾斜度为参照，并根据所画线条与视平线的距离，确定线条的倾斜度。

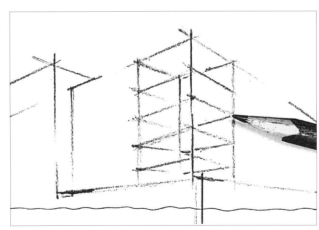

步骤04 要表示组合几何体最强转角线处的框架结构，只需用铅笔按照两点透视的规律，画出透视准确的单线条即可。

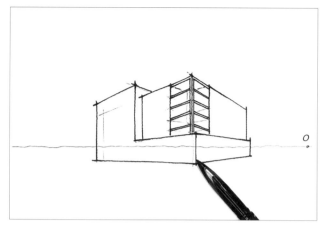

步骤 05 设置光源在画面的左上角。用三菱牌 0.5 型签字笔画出组合几何体的结构与轮廓。由于该笔较粗，在绘制位于最强转角线处的框架结构时，可先画出最外侧梁柱结构的立面。对于横梁底面结构的塑造，需换用笔尖较细的白雪牌中性笔。

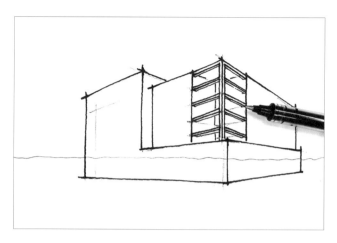

步骤 06 用白雪牌中性笔画出框架结构中每根横梁的底面和其后的墙角线。

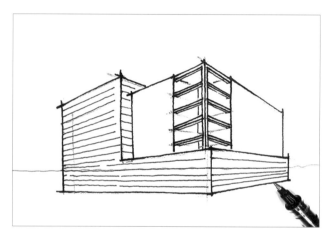

步骤 07 继续使用白雪牌中性笔，按照两点透视的规律画出组合几何体外侧的肌理线。建议先沿着视平线画出水平肌理线，再分别参照该组合几何体上下轮廓线的倾斜度，按透视规律排出所有肌理线。注意本图光源在画面的左上角，要在位于受光面的肌理线与其右侧的转角线之间适当为高光留白，不要把肌理线与转角线连实。绘制右侧背光面的肌理线时尽量两端靠线。

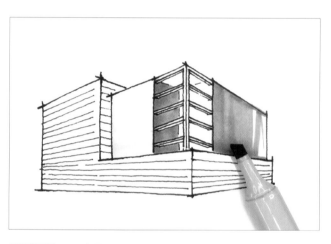

步骤 08 用马克笔 NG278 以扫笔法为右侧立方体的受光面着色，用马克笔 NG279 以竖向排笔法为其背光面着色，反光部分适当留白。

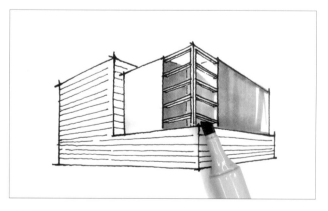

步骤 09 用马克笔 NG278 以排笔法为右侧立方体灰部空间区域的墙面投影着色。由此可以看出，同一支马克笔，用排笔法铺满和扫笔法扫过，所产生的颜色差别十分明显。

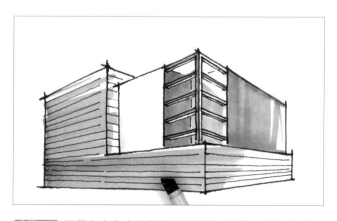

步骤 10 设置灰白色立方体外侧包裹的形体为木材，在步骤 07 已经画好肌理线的基础上，用马克笔 E168 以扫笔法为该形体的亮部着色，靠近顶部的位置可以适当留白。

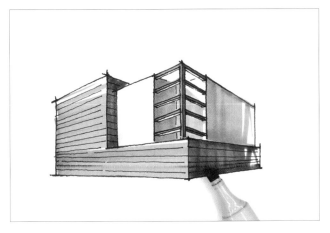

步骤11 用马克笔 E169 以竖向排笔法为木材质感的形体的背光面着色，最右侧的反光部分适当留白。

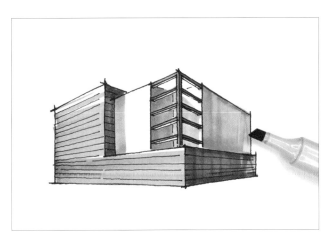

步骤12 假设周边环境为暖色，则组合几何体的反光可为暖灰色。用马克笔 PG39 以扫笔法为组合几何体右侧的反光区域着色。受木材颜色的影响，灰白色几何体亮面上的投影呈现暖灰色，用马克笔 PG39 以宽笔触一笔画出该投影。

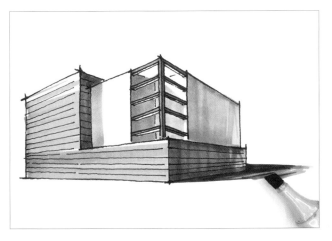

步骤13 用马克笔 PG41 和 PG39 以排笔法画出该组合几何体在地面上的投影。

步骤14 用百乐牌草图笔画出木框架结构每根横梁的底面，注意底面靠近明暗交界线的线要实一些，靠近反光部分的线适当断开，使该处结构"透气"一些。

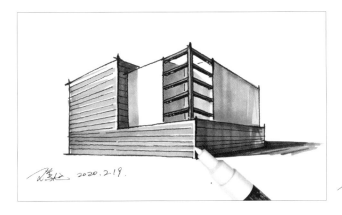

步骤15 用三菱牌高光笔提亮木材的高光部分，注意不要覆盖转角线；一旦覆盖，还需用墨线再强调一下转角线。

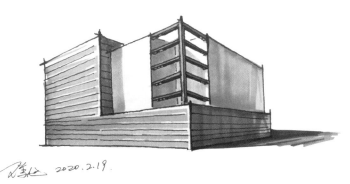

步骤16 调整画面，完成最终效果图。

| 3.7.2 石材质感马克笔表现 |

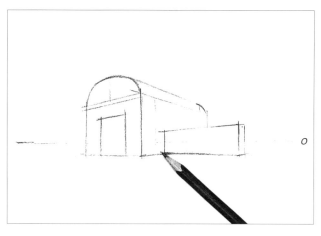

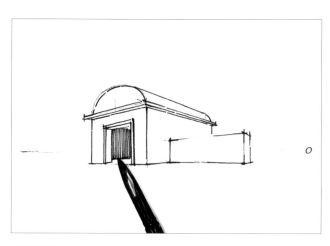

步骤 01 选择 1/2 版幅的 A4 手绘纸，先用铅笔画出视平线和一个灭点；再按照两点透视的规律，用铅笔画出组合几何体的整体外轮廓。

步骤 02 设置光源在画面的左上角，用三菱牌 0.5 型签字笔画出组合几何体的结构。之后再用垂直方向的排线，塑造组合几何体的内部空间。

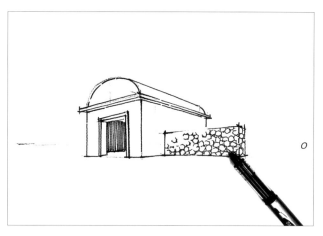

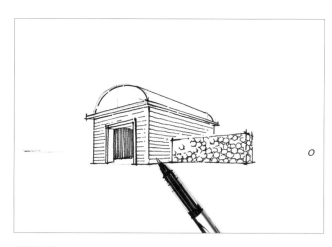

步骤 03 用白雪牌中性笔，画出右侧矮墙的石材肌理，注意石块以不规则的五边形和六边形为主，受光部分适当断线。

步骤 04 用白雪牌中性笔，画出左侧砖墙的水平方向勾缝肌理线，注意高光部分适当断线留白。

步骤 05 用白雪牌中性笔，按照"错位排砖"的规律，先画出砖墙背光部的垂直方向勾缝线，再画出受光部的垂直方向勾缝线。注意，绘制受光部右上角最亮的区域时，应逐渐减少垂直方向勾缝线的数量，以示光线变化。

步骤 06 用白雪牌中性笔，以排线画出门框左侧立面的斜角投影和顶面的暗部，再画出右侧石材矮墙上的投影及地面上的投影。建议先用墨线画出投影的形体轮廓，再向内排线。

步骤 07 用马克笔 YG262 以水平方向扫笔法为右侧石材矮墙的受光面着色，用马克笔 YG264 以排笔法为其背光面着色，反光部分适当留白。

步骤 08 用马克笔 YG264，以中宽笔触用点笔法为石材矮墙受光面的底部、石块的背光面、石块之间的缝隙着色，表现石材墙面的凹凸质感。

步骤 09 用马克笔 RV130，以水平方向扫笔法，为砖墙受光面着色，砖墙底部可适当用该笔叠色，以示色彩层次的变化。

步骤 10 用马克笔 E133 以竖向排笔法为砖墙的背光面着色，并适当叠色，反光部分适当留白；再用马克笔 E132 为石材矮墙上的投影着色。

步骤 11 用马克笔 E132 为红砖房屋室内的墙面着色，再用马克笔 NG278 和 NG279 分别为门框的受光部、背光部、斜角投影着色。

步骤 12 用马克笔 B240，以扫笔法为红砖房屋顶部的亮面着色，再用马克笔 B241 为顶部的暗面着色，然后用马克笔 BG107 以宽笔触强调顶部的明暗交界线，最后用马克笔 BG107 以细笔触刻画顶部暗面的结构线。

步骤 13 用马克笔 BG107 为红砖房屋室内的顶面与地面着色，再用马克笔 BG86 为红砖墙和石材矮墙右侧反光部分着色。

步骤 14 用马克笔 YG264，以细笔触为石材矮墙受光面投影区域中石块之间的缝隙着色，增强投影区域石材墙面的起伏感。

步骤 15 用三菱牌高光笔，给红砖墙和石材矮墙的高光部分提亮，对于红砖墙亮面部分的勾缝线，也可根据受光规律适当提亮高光部分，增强凹凸感。

步骤 16 调整画面，完成最终效果图。

| 3.7.3　玻璃质感马克笔表现　|

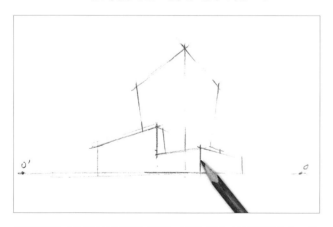

步骤 01 本图为两点透视犬视角（视平线与地平线重合），选择 1/2 版幅的 A4 手绘纸作画。先用铅笔在纸张靠下约 1/4 的位置画出视平线（地平线），然后在靠近纸张两端的视平线上标记灭点 *O* 和 *O′*，按照透视规律，用铅笔画出组合几何体的整体结构。

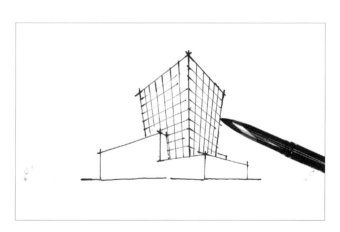

步骤 02 设置光源在画面的左上角。用三菱牌 0.5 型签字笔画出组合几何体的结构与玻璃幕墙的分格线。注意，玻璃幕墙受光面的分格线不要与其右侧转角线连实，应在右上角适当为高光区域留白，玻璃幕墙背光面则需要绘制两端连贯的分格线。

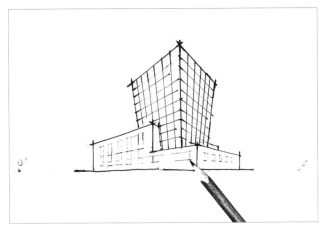

步骤 03 画出该建筑裙楼上的窗洞。由于窗洞的排列是有一定规律和秩序的，因此，我们可以先用铅笔按照两点透视的规律，把所有窗洞的整体轮廓画出后，再按照比例细分每个窗洞。

步骤 04 使用白雪牌中性笔，深入刻画每个窗洞的透视结构，注意洞口侧立面和顶面透视的表达，之后用自由线条画出背景中树的轮廓。

步骤 05 用马克笔 YG262 以扫笔法为裙楼的受光面着色，用马克笔 YG264 以排笔法为其背光面着色，反光部分适当留白。

步骤 06 用马克笔 B241 以扫笔法为塔楼玻璃幕墙的受光面着色，再用该马克笔以排笔法为裙楼的玻璃窗着色。

步骤 07 用马克笔 B242 以横向排笔法，自上而下为塔楼玻璃幕墙的背光面着色，反光部分适当留白。再用该马克笔以细笔触为塔楼和裙楼受光面的玻璃窗勾线。

步骤 08 用马克笔 BG107 以排笔法画出玻璃幕墙受光面的投影，再用该马克笔以宽笔触加强玻璃幕墙背光面的明暗交界线，最后用该马克笔以细笔触画出玻璃幕墙背光面的分格线、裙楼窗洞的投影及玻璃窗的分格线。

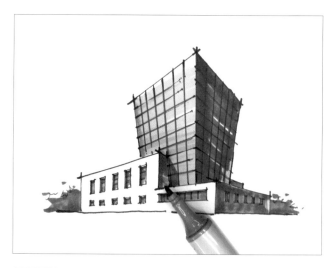

步骤 09 用马克笔 BG107 的细笔触为裙楼背光面的玻璃窗着色。

步骤 10 用马克笔 GG64 以扫笔法为塔楼和裙楼暗部的反光部分补色，再用马克笔 G58 以搓笔法和点笔法相结合的方法，画出背景中树的颜色。

步骤 11 用马克笔 NG282 以排笔法画出玻璃幕墙对周边建筑的反射效果，再以直尺辅助该马克笔加强地面效果，注意点线面笔触的结合。

步骤 12 用三菱牌 0.7 型签字笔，加强组合几何体的所有转角线和明暗交界线，注意强调线条的力量感。

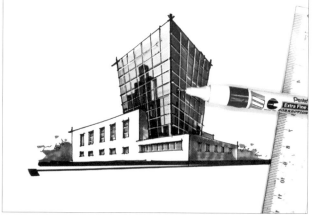

步骤 13 用直尺辅助修正液，对塔楼和裙楼转角部分进行高光提亮，玻璃材质的分格线一定要提亮，如此才能凸显玻璃光滑、坚硬、通透的质感。

步骤 14 调整画面，完成最终效果图。

| 3.7.4 水体质感马克笔表现 |

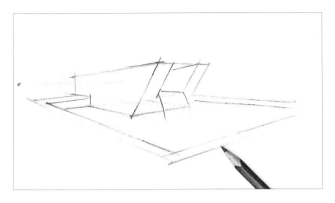

步骤 01 选用 1/2 版幅的 A4 手绘纸，先用铅笔在纸张垂直高度约 1/2 的位置画出视平线。本图为两点透视，在纸张区域内视平线最靠左侧的位置画出第一个灭点，另一个灭点设置在视平线延伸出纸张之外的位置上，不必强行画出，做到心中有数即可。按照两点透视的规律，用铅笔画出景观小品和水池的主要结构。

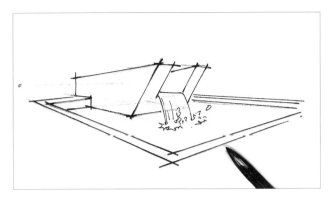

步骤 02 设置光源在画面的右上角。用三菱牌 0.5 型签字笔画出景观小品和水池的结构，注意在表现水花四溅的效果时，用笔要灵活，水池边带的直线如果徒手画不直，可以用直尺辅助画出。

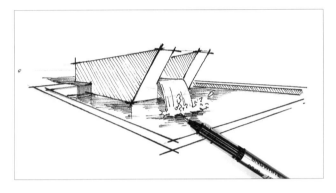

步骤 03 换用白雪牌中性笔，以排线画出景观小品的背光面和投影，以及水面的倒影。

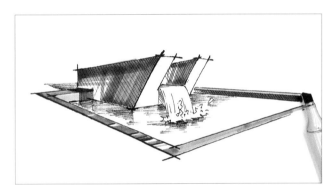

步骤 04 根据受光关系，用马克笔 YG262 以扫笔法为景观小品的受光面着色，用马克笔 YG264 以竖向排笔法为其背光面着色，反光部分适当留白。水池边带的平面用马克笔 NG279 以横向排笔法着色，左侧的受光立面用马克笔 NG278 以竖向排笔法着色，右侧的背光立面用马克笔 NG280 以从右向左的扫笔法着色，反光部分适当留白。注意，为水池边带的平面着色，可在离观者最近的一侧适当留白，以示高光，并用马克笔 NG280 在邻接高光处施加横向细笔触，以体现水池边带石材的光洁质感。

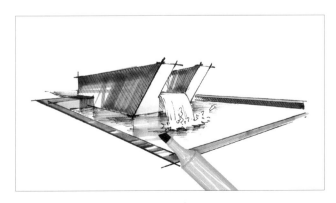

步骤 05 用马克笔 YG262 以横向搓笔法为水面上景观小品的倒影着色。

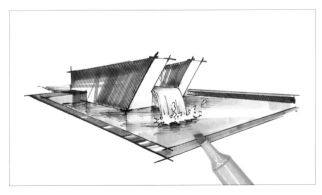

步骤 06 用马克笔 BG95 以横向排笔法为水面着色，注意适当避开景观小品的倒影，并在受光较强的区域适当留白。

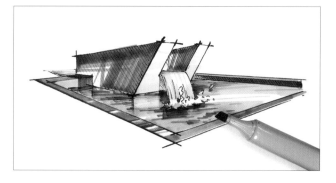

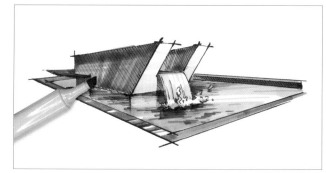

步骤 07 先用马克笔 BG97 以横向排笔法，按照由近及远的顺序为水面着色，水面右侧原有的以马克笔 BG95 着的蓝色尽量保留。再用马克笔 BG107 为水面颜色较重的位置着色，要留出笔触。注意，水面的重色多集中在景观小品、跌水水花与水面的衔接处。

步骤 08 用马克笔 GG64 以扫笔法为景观小品暗部的反光部分补色。用马克笔 NG279 以排笔法为水池边带左侧立面上的投影着色（部分区域被马克笔笔头遮挡）；用马克笔 BG88 以排笔法为景观小品左后方在地面上的投影着色；最后用马克笔 BG86 以排笔法为跌水在景观小品受光墙面上的投影着色。注意，该步骤着色的区域基本都以墨线进行了排线处理，只需平铺一层颜色即可。

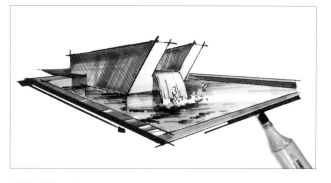

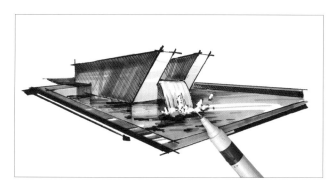

步骤 09 用直尺辅助马克笔 191，加重水池边带外侧的笔触，提高近景区域的对比度。

步骤 10 用修正液以点笔法提亮跌水落在水面上溅起的水花，使画面更加生动。

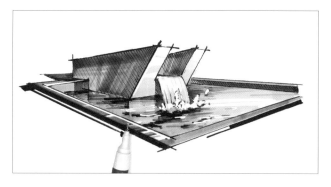

步骤 11 根据受光规律，用直尺辅助修正液，提亮水池边带和景观小品的高光部分。再用自由笔触提亮水面的高光部分。

步骤 12 调整画面，完成最终效果图。

| 3.7.5 天空的手绘技法 |

建筑手绘用于表现室外空间，因此天空在画面中占有较大面积。天空作为背景，既不能忽略也不能过于强调，需要在弱对比的基础上体现层次关系。经总结，下面介绍建筑手绘效果图中 4 种比较实用的天空手绘技法，供参考借鉴。

1. 平涂提框法

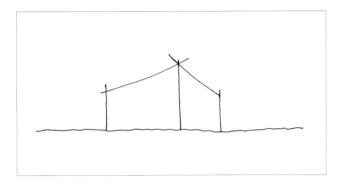

步骤 01 以两点透视犬视角为例进行构图，用三菱牌 0.5 型签字笔按照两点透视的规律画出地平线（与视平线合二为一）和代表建筑的立方体。

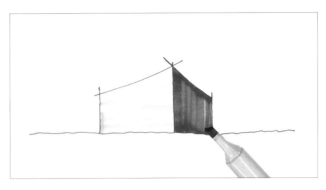

步骤 02 设置光源在画面的左上角。用马克笔 NG278 以扫笔法为立方体的受光面着色，再用马克笔 NG280 以竖向排笔法为其背光面着色，反光部分用马克笔 GG66 以扫笔法着色。

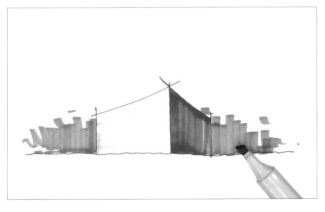

步骤 03 用马克笔 G58 以排笔法和点笔法相结合的方法，画出背景的树。

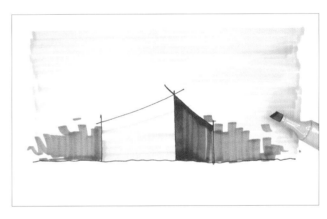

步骤 04 用马克笔 B240 绘制天空。先用最宽笔触以排笔法从左到右排满天空的上半部分，再以最宽笔触用扫笔法绘出天空的下半部分。天空下半部分的中间区域留白，需借助扫笔法收尾的飞白笔触实现自然过渡。

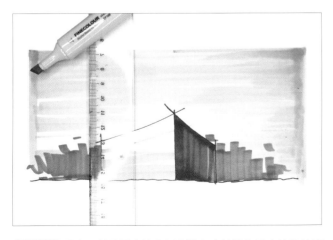

步骤 05 用直尺辅助马克笔 B240 以中宽笔触为天空的外轮廓收边。

步骤 06 用马克笔 Y1 以扫笔法为天空留白的区域补色。

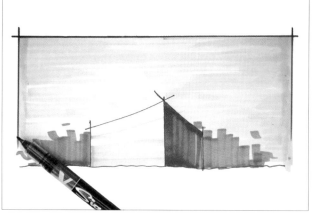

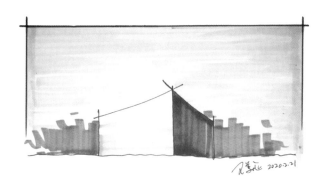

步骤 07 用直尺辅助百乐牌草图笔为天空的边缘画出框线，注意线条交叉处要适当画出头，为画面增加力量感和设计感。

步骤 08 调整画面，完成最终效果图。

2. 搓点结合法

步骤 01 参考前面所讲的"平涂提框法"步骤 01 至步骤 03 的方法完成上图。

步骤 02 用马克笔 B240 为画面的天空部分着色。先以搓笔法为天空与建筑、背景树之间的夹角着色，再进行后续的操作。注意天空的颜色不要把建筑的外轮廓"圈死"，适当留白，为接下来表现白云做好铺垫。

步骤 03 用马克笔 B240 以搓笔法渲染天空的左半部分。以短笔触搓笔画完一排颜色后，再变换角度画另一排颜色，两排颜色之间可以有所叠加。注意，先画最密集的部分，运笔时尽量减少天空颜色与背景树颜色的叠加。

步骤 04 用马克笔 B240 以搓笔法渲染天空的右半部分，右上角暂时留白以表现白云。注意在运用搓笔法时，变换角度要灵活一些，并辅以点笔法进行层次的衔接与过渡。

步骤 05 做到"心中有云",画面右上角的留白部分多用来表现白云,仅在云隙间用点笔法点缀少许蓝色,使构图关系均衡即可。

步骤 06 调整画面,完成最终效果图。

3. 彩铅叠加法

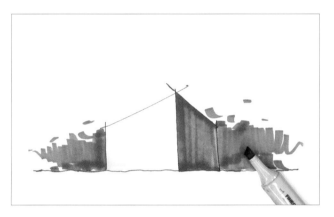

步骤 01 参考前面所讲的"平涂提框法"步骤 01 至步骤 03 的方法完成上图。注意,背景的树可使用马克笔 G50 着色。

步骤 02 选用一支深蓝色的彩色铅笔,以排笔法先将天空与建筑、背景树之间的夹角补满颜色,再逐渐向上方过渡。注意控制彩色铅笔调子的总体走向和排笔方向,使画面富有韵律感。

步骤 03 设置光源在画面的左上角。选用深紫色彩色铅笔,以排笔法加强深蓝色彩色铅笔调子的暗部,丰富云朵层次。注意,用彩色铅笔表现天空,可以暂时把彩色铅笔表现的内容理解为云朵。虽然颜色与白云有差距,但是如此刻画更容易抓住要点,天空和白云本身具有正负形关系,二者在画面上是可以相互转化的。

步骤 04 用土黄色彩色铅笔,以排笔法适当为云朵的亮部补色,为偏冷的画面色调增加暖色。

步骤05 调整画面，完成最终效果图。

4. 色粉揉擦法

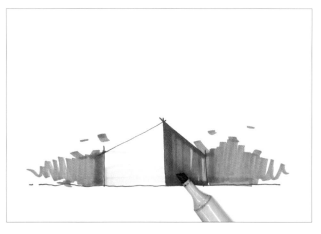

步骤01 参考前面所讲的"平涂提框法"步骤01至步骤03的方法完成上图。

步骤02 选用一根蓝色的色粉笔，以搓笔法画出云隙间露出的天空部分的颜色。

步骤03 选用一根淡黄色的色粉笔，以搓笔法在蓝色笔触的下部涂色。注意，涂色时一定要有足够的留白，另外，本步骤中色粉的效果略显生硬，先不要纠结，后续操作会有惊喜。

步骤04 将一张干净的餐巾纸对折两次后形成纸擦，用来轻轻地揉擦之前所涂的色粉，使其逐渐晕染。经揉擦后，天空的色彩变得分外柔和，初具效果。

步骤 05 用橡皮擦拭色粉可减淡颜色，配合之前的留白，可形成云朵效果，用橡皮擦拭出具有连续而活泼效果的云朵。

步骤 06 增强云朵的形象性，用修正液按照云朵的外边缘勾画弧线。注意，该步骤要适当多挤出一些修正液，之后迅速进行下一步操作。

步骤 07 在步骤 06 的基础上，不等修正液干透，马上用手指沿云朵的边缘弧线进行揉擦，会取得云朵外边白亮、往内部逐渐融合的过渡效果。注意，步骤 06 和步骤 07 应该反复操作，用修正液画完一朵云就用手指揉擦，避免修正液在揉擦前就干掉。

提示

运用"色粉揉擦法"表现天空，用色可以丰富多样，但最好以自然现象为依据。本部分以手绘天空的常用色为例进行技法讲授，仅供参考。

步骤 08 调整画面，完成最终效果图。

5. 各种天空手绘技法的应用案例

● 平涂提框法

● 搓点结合法

● 彩铅叠加法

● 色粉揉擦法

第 **4** 章

建筑配景马克笔手绘训练

一幅完整、生动的建筑手绘图，必须要有丰富、合理的配景与主体建筑相搭配，才能达到理想效果。可见，配景表现训练是一个不能缺少的环节。本章主要内容包括：植物马克笔表现、人物马克笔表现、交通工具马克笔表现、建筑配景模板马克笔表现、建筑局部马克笔表现等。

请读者仔细品读本章内容，对于"中景植物、前景植物、背景植物"的马克笔表现，建筑配景"平透视、犬透视、俯视"模板的马克笔表现，以及其中涉及的"断线法""修线法"的理论及操作方法要重点掌握。

4.1 植物马克笔表现

植物是建筑配景中重要的内容，属于配景类的面状或线状要素，几乎每张建筑手绘图中都存在植物。同时，植物也是建筑手绘中较难画的一项内容，由于植物本身形态多变且结构丰富，想要将其表现得自然、和谐，则必须认真学习其结构，并辅以大量练习才能做到。

对于建筑手绘的构图模式来说，理想的状态是中景、前景、背景共存的构图模式，次之为中景、背景共存的构图模式。因此，进行植物的手绘训练，有必要分别针对中景、前景、背景等不同构图位置植物的画法进行学习。

| 4.1.1 中景植物马克笔表现 |

中景是画面的主体，对于建筑手绘图来说，通常以建筑为中心，结合其周边绿化、景观、人物、车辆等共同构成。其主要作用在于构建画面的视觉中心。处于画面中景位置的植物叫作中景植物，在建筑手绘中以单棵树作为中景植物较为常见，中景植物在构图中展示较为全面，刻画较为深入。从树种分类的方面来讲，一般可分为乔木、灌木、地被 3 种类型，以下分别举例介绍这 3 种类型植物的画法。

1. 乔木

步骤 01 选用 1/2 版幅的 A4 手绘纸，用铅笔以球体组合的形式画出树冠的基本轮廓。注意要在较大树冠底部留出"凹槽"，以备树干、树枝穿入该处。

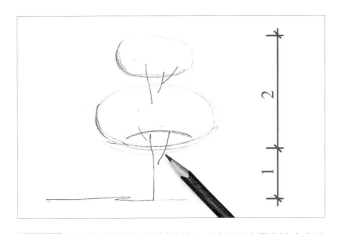

步骤 02 用铅笔以单线画出树的枝干。注意乔木是有独立主干的，因此主干和枝干的区别一定要明显，另外，一般中景树的树干高度和树冠高度的比例控制在 1:2 左右时，视觉感受较好。

步骤 03 设置光源在画面右上方。用三菱牌 0.5 型签字笔以"M"形线画出树冠的细节轮廓，再画出树干、树枝、地面。注意，树冠的受光部线条尽量断开，背光部线条尽量连贯，较大那个树冠底部的"凹槽"要体现出来。

步骤 04 沿着"凹槽"形状画树冠边界。表示该树冠底部较为靠前的树叶，应在紧邻"凹槽"的上方位置；而树冠底部相对靠后的树叶，则应在紧邻"凹槽"的下方位置。用三菱牌 0.5 型签字笔以"M"形线补齐红色圈区域的树叶，再画出地面上的两棵低矮植物。

步骤 05 设置光源在画面右上方。用马克笔 G59 以搓笔法为乔木的树冠着色。再用马克笔 G59 和 YG26 为两棵低矮植物着色。注意树冠的受光部要留白，配合点笔法实现过渡效果。

步骤 06 用马克笔 G60 以搓笔、点笔相结合的笔法，在步骤 05 颜色的基础上，为乔木树冠的暗部着色，进一步区分树冠层次。再用马克笔 G61 以搓笔、点笔相结合的笔法，为树冠暗部颜色更深的区域着色，增强立体感。注意，无论用哪支颜色的马克笔，都要尽量使用点笔法在树冠边界点出笔触，强调树叶细节。

步骤 07 用马克笔 NG280 以点笔法，在步骤 06 的基础上为乔木树冠暗部颜色最深的区域着色（该区域往往有树枝穿入），继续增强树冠的立体感。注意尽量多在树冠的边界点出笔触，使轮廓连贯，强调树叶细节。

步骤 08 用马克笔 191 以细笔触勾勒出树干和树枝的结构，注意要根据受光规律为树枝、树干的高光区域适当留白。

步骤 09 用马克笔 PG41 以宽笔触和中宽笔触画出树在地面上的投影。注意，投影的垂直长度尽量小一些，投影边缘配合点笔笔触，以示树叶投影。

步骤 10 用修正液适当提亮树枝和树冠的高光部分，使画面拥有亮点。

 **步骤 11** 调整画面，完成最终效果图。

2. 灌木

步骤 01 选用 1/2 版幅的 A4 手绘纸，用铅笔以球体组合的形式画出树冠的基本轮廓。注意，要在树冠底部留出"凹槽"，以备树干、树枝穿入该处。

步骤 02 用铅笔以单线画出树的枝干。注意灌木没有独立主干，以丛植为主，比较低矮，树枝高度和树冠高度的比例控制在 1:1 左右为佳。

步骤 03 设置光源在画面右上方。用三菱牌 0.5 型签字笔以"M"形线画出树冠的细节轮廓，再画出树枝和地面。

步骤 04 根据受光规律，用马克笔 YG26 以搓笔法为树冠着色。注意树冠的受光部要留白，配合点笔法实现过渡效果。

步骤 05 用马克笔 YG30 以搓笔、点笔相结合的笔法，在之前的颜色基础上，为树冠各组成部分的暗部着色，进一步区分树冠层次。

步骤 06 用马克笔 YG37 以搓笔、点笔相结合的笔法，在步骤05 的基础上，选择树冠各组成部分暗部颜色更深的区域着色，增强立体感。

步骤 07 本作品要表现灌木开花的效果。用马克笔 RV216 以点笔法，在树冠各组成部分的留白处点缀花朵的固有色。再用马克笔 R144 以点笔法加强各组成部分花朵的暗部。注意，位于植物受光面的花朵暗部，可以不画重色或少画重色，位于植物背光面的花朵暗部需重点加深。

步骤 08 用马克笔 191 以细笔触勾勒出树枝的结构。注意，要根据受光规律为树枝的高光部分适当留白。

步骤 09 用马克笔 PG41 以宽笔触和中宽笔触画出树在地面上的投影，同时用马克笔 YG30 以细笔触画出树根部位的小草。注意，投影画扁一些比较美观，投影边缘配合点笔笔触，以示树叶投影。

步骤 10 用修正液适当提亮树枝和树冠的高光部分，使画面拥有亮点。

步骤 11 调整画面，完成最终效果图。

3. 地被

步骤 01 本部分要绘制一幅多样地被植物组合的画面。在 1/2 版幅的 A4 手绘纸上，确定植被组合的比例，用铅笔画出植被组合的位置、轮廓。

步骤 02 设置光源在画面右上角。用中性笔从离观者最近的植被画起。

步骤 03 用中性笔继续完成画面的其他部分，注意应用不同的线条组合来表达不同的植被种类。

步骤 04 用马克笔 YG262 以排笔法为左侧的花池边砖着色，适当为高光部分留白；用马克笔 NG278 以排笔法平铺满右侧台阶的颜色，再用马克笔 NG279 为台阶的立面着色。

步骤 05 用马克笔 YG24 以排笔法为草皮平铺颜色，注意画面底部用细笔触配合点笔法收尾。用马克笔 YG26 以扫笔法加强左侧花池边下方草皮的层次，再用该马克笔以排笔法加强右侧台阶下方草皮的层次。

步骤 06 用马克笔 G59 以扫笔法沿着"剑麻"中心向四周添加笔触，再用马克笔 G60、G61 以扫笔法逐层加重"剑麻"靠后叶片的颜色，区分出层次。

步骤 07 用马克笔 YG30 为"剑麻"左侧植物的叶片着色，同时用该笔以扫笔法增加左侧花池边下方草皮和右侧台阶下方草皮的层次，然后用点笔法适当添加笔触，丰富小草的细节。最后用马克笔 G57 为"剑麻"右后方植物的叶片着色。注意，为植物边缘部分着色时尽量沿着叶片的结构运笔，适当留出高光部分，花卉部分要留白。

步骤 08 用马克笔 G58 为"剑麻"右后方植物的叶片暗部着色。再用马克笔 RV216 和 R143 为植物的花朵着色。注意，较近处的花朵用马克笔 RV216 着色，较远处的花朵用马克笔 R143 着色，根据受光规律，适当为花瓣的高光部分留白。

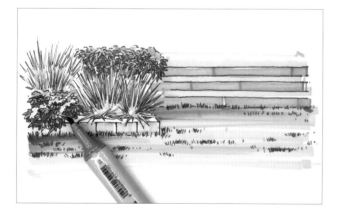

步骤 09 用马克笔 YG37 为"剑麻"左侧植物较暗的叶片着色，再用该笔以扫笔法增加左侧花池边下方草皮的层次，最后用点笔法适当添加笔触，丰富小草细节。

步骤 10 用马克笔 YG264 加强左侧花池边砖的砖缝颜色，用马克笔 GG66 画出植物在左侧花池边砖上的投影。最后用马克笔 YG264 以细笔触为"剑麻"与其右后方植物之间的留白空隙着色，以示"剑麻"右后方的叶片。

步骤 11 用马克笔191整合画面的重色关系。加重画面中植物、花卉、草皮等最暗部的颜色，提高画面对比度。

步骤 12 调整画面，完成最终效果图。

4. 中景植物马克笔表现合集

| 4.1.2　前景植物、背景植物马克笔表现 |

　　前景——颇具园林设计中"借景"的意味，指的是画面中离观者最近，且与画面主体保持一定距离的部分。其主要作用在于：强调画面层次，引导主体。背景——画面中景之后的部分，通常在地平线后面。其主要作用在于：推进画面层次，衬托中景。

　　在建筑手绘图中，处于画面前景位置的植物叫作前景植物，通常以半树（即不画上半部树冠）或角树（即位于画面一角仅露出局部树枝和树叶）最为常见，前景植物的表现需尽量写意，形体概括，对比强烈，进而更好地引导与突出中景。处于画面背景位置的植物叫作背景植物，在建筑手绘图中以树丛最为常见，对背景植物，要进行概括、虚化处理，其翔实程度弱于前景植物，且远弱于中景植物，起到衬托作用。接下来，为了使读者能够更加清晰地体会前景植物和背景植物在建筑手绘图中的作用及画法，我们把二者合并到一个常见的虚拟建筑图中，对其绘制过程进行讲解。

步骤 01 推荐使用 1/2 版幅的 A4 手绘纸，用铅笔在纸面垂直方向自上至下大约 2/3 高度的位置画出视平线，在纸面右侧靠近纸边处设置第一个灭点，另一个灭点设置在左侧画面外。之后，在画面左右两侧留出一定的边框空白，用铅笔以短竖线标记。注意，用铅笔标记画面留边位置，可为画面构图打好基础，当进一步作画时，可以该边框为画面边界，如此完成的画面构图为最佳比例。一旦构图过大，则可利用事先预留的边框空白，保证画面构图的完整性。

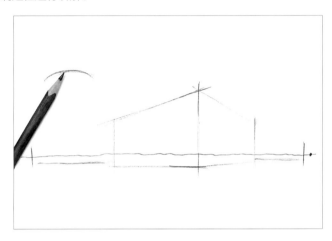

步骤 02 用铅笔按照两点透视规律，画出象征建筑物的长方体的轮廓及地平线。注意，该长方体大小要适应画面构图比例，不必准确找到画面外的灭点，心中有数即可。凭经验而论，长方体最靠前的顶点夹角（即图中最高顶点）控制在 120° 左右，长方体下方接地的边尽量画得水平即可。然后在图面左上角画下弧线，表示前景树树冠底部的"凹槽"。

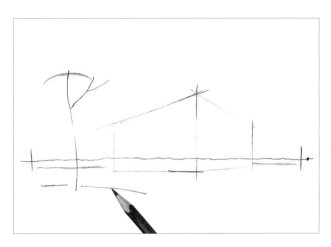

步骤 03 用铅笔快速画出前景树的枝干和地面植被的轮廓。注意，前景树根部不要距建筑接地边过远，需保持构图的紧凑感。

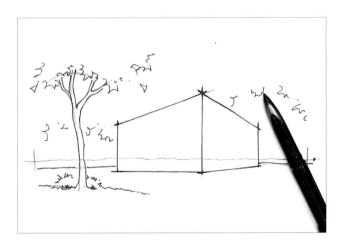

步骤 04 用三菱牌 0.5 型签字笔加强前景树、建筑、地平线的轮廓和背景树的轮廓。注意，根据画面左右构图的平衡关系设置背景树的高低起伏——左低右高。

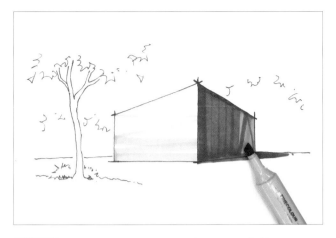

步骤 05 设置光源在画面左上角。用马克笔 NG278、NG280、PG40 分别为建筑受光面、背光面、反光部分着色。再用马克笔 PG41 为建筑在地面上的投影着色。

步骤 06 用马克笔 G61 以点笔法为左侧前景树树冠底部着色。注意"凹槽"处是颜色最暗的部分，需要先密排笔触，之后逐渐向两侧过渡，笔触的排列可逐渐变疏，笔触的形状要灵活且富于变化。

步骤 07 用马克笔 G59 以扫笔法画出左侧前景树树冠的过渡色，注意横向扫笔，由下往上绘制，以细笔触收尾，做好颜色层次过渡。再用马克笔 G59、G60、YG26 画出地面植被的颜色。最后用马克笔 E132 按受光规律为树干、树枝着色，注意亮部留白。

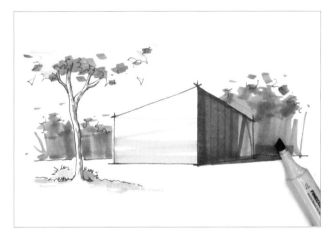

步骤 08 用马克笔 BG106 以排笔、点笔相结合的笔法，按照之前所画墨线的轮廓关系，画出背景树颜色。注意背景树两侧可用细笔触收尾，画背景树轮廓可多使用点笔触。

步骤 09 用马克笔 NG282 以点笔法，加强前景树和背景树暗部中颜色较重的区域，使画面对比更加强烈。注意，加重背景树颜色时，尽量从地平线和建筑左右轮廓线画起，可以适当"跳出"几笔，丰富背景树的纵向层次。

步骤 10 用马克笔 191 以窄笔触为背景树添画枝干。注意，枝干不要画得太密，线条应从地平线位置引出，做好与"跳出"色块的连接，构成较为完整的树丛意象。

步骤11 用马克笔191以细笔触为前景树的树枝、树干与树冠底部的连接处加重颜色，用以表示树冠底部的树叶在树枝、树干上的投影，此步骤是前景树的点睛之笔，切勿遗漏。

步骤12 调整画面，完成最终效果图。

提示

本案例将前景植物和背景植物的绘制步骤与建筑场景融合在一起完成示范，体现了较为完整的马克笔着色过程。希望读者从中体会马克笔着色的整体流程感，着眼于宏观角度，不要局限在某一局部的技法之中。

4.2 人物马克笔表现

受体量和比例关系的限制，人物在建筑手绘中，属于配景类的"点状要素"，主要起注释环境的使用功能、活跃画面空间和烘托场景气氛的作用。因此，对人物的处理不必太精细，只需表现其轮廓特征即可。为了突出人物的"点状"特征和个性化表达，往往对结构复杂的人物进行高度的概括与夸张，形成适应于建筑场景的、易于大量绘制的且具有一定风格的简笔人物。建筑手绘中的简笔人物存在多种画法，读者只需熟练掌握几种即可。

1. 简笔人物线稿表现合集

建筑手绘中的人物详略程度与建筑体量有关。建筑体量越大，人物在场景中的比例就越小，人物会表达得越概括；建筑体量越小，人物在场景中的比例就越大，人物会表达得越具体。右图为多种类型简笔人物，大家需根据场景中人物与建筑的比例关系，选择适合的人物类型。

2. 简笔人物马克笔表现合集

简笔人物虽然在建筑场景中比例小，无法用多种颜色刻画其细节，但是也有一定的用色要领。第一，选择适合的、比较鲜明的色彩表现人物的服饰，因为建筑场景中人物作为"点状要素"存在，最引人注目的就是其服装颜色；第二，人物服饰的色彩要有一定的层次，至少要把受光面的高光部分留白，切忌平涂；第三，在平透视的建筑场景中，视平线一般定为"人站立时身高的高度"，所以绘制人物时，成年人的头尽量"顶住"视平线，不能偏离太远，这样可以保证场景中的人物都拥有正常的身高；第四，对于场景中的所有人物，必须根据场景的受光规律画出其投影，体现真实感。

4.3 交通工具马克笔表现

交通工具在建筑手绘中，与人物同样属于配景类的"点状要素"，其主要作用也是活跃画面空间和烘托场景气氛。作为建筑配景，交通工具与人物的区别，一方面表现为元素自身体量大小的差异，另一方面表现为对建筑使用功能映衬程度的不同。建筑手绘中，根据建筑体量的大小，对交通工具的刻画可简可繁。

4.3.1 交通工具马克笔表现——以汽车为例

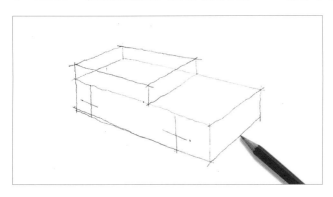

步骤01 推荐使用1/2版幅的A4手绘纸。将汽车整体看作由两个等宽长方体上下叠加组合而成的体块，用铅笔按照两点透视关系画出上下两个长方体的组合造型，并标出轮胎位置。注意，本图为俯视角造型，视平线高于轿车顶部，两个灭点在纸张以外，不必在画面中标出，但要做到心里有数。

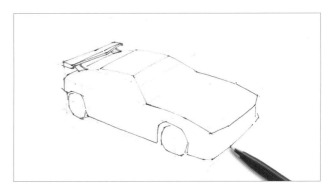

步骤02 用中性笔参照铅笔稿的透视关系和结构，画出汽车轮廓。

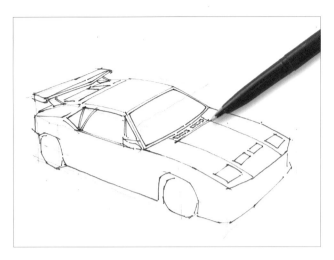

步骤 03 用中性笔进一步画出车窗和车身结构细节。

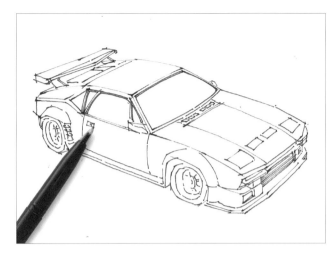

步骤 04 用中性笔深入刻画车身及轮毂的所有结构。

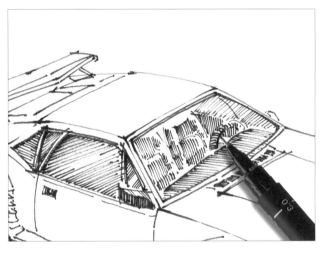

步骤 05 用较细的一次性针管笔（或白雪牌中性笔），以排线的方式表现车窗质感和舱内操作台、方向盘、车座等物体。

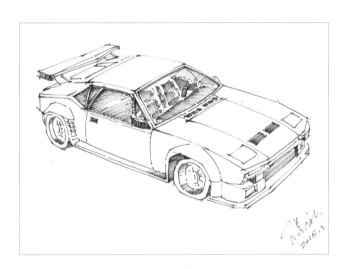

步骤 06 深入调整结构关系，完成线稿。

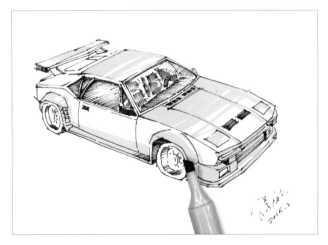

步骤 07 设置光源在画面右上角。用马克笔 Y3 以排笔法为汽车受光部（顶面）和固有色（右侧立面）着色，注意适当留白。

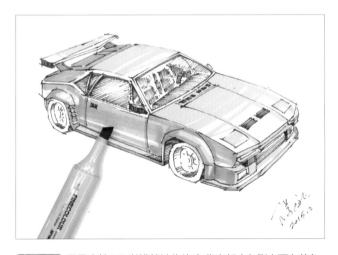

步骤 08 用马克笔 Y5 以排笔法为汽车背光部（左侧立面）着色，注意车轮罩上方和车身的顶面是受光面，应保留步骤 07 的颜色，不要用重色覆盖。车后行李箱盖和尾翼架同样使用马克笔 Y5 着色。

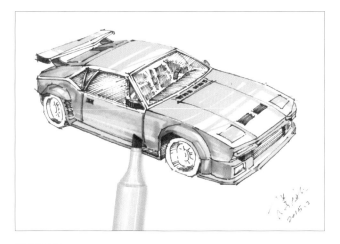

步骤 09 用马克笔 Y17 和 Y9 加重汽车明暗交界线和车身结构投影的颜色。

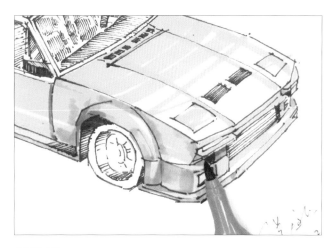

步骤 10 用马克笔 PG40 刻画汽车前身结构的投影颜色。

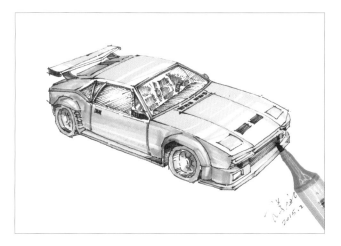

步骤 11 用马克笔 V125 为汽车轮胎侧面着色。再用马克笔 NG278 和 NG279 为汽车前身的排气孔与金属轮毂着色。

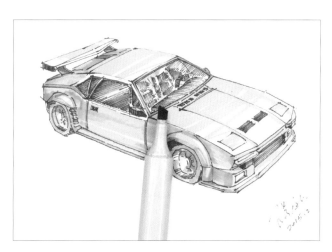

步骤 12 用马克笔 BG86 以斜向排笔法为车窗着色，注意为玻璃的高光部分留白。

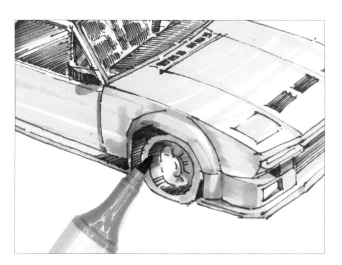

步骤 13 用马克笔 PG41 和 PG40 为汽车局部构件的投影着色，如轮胎、倒车镜等。

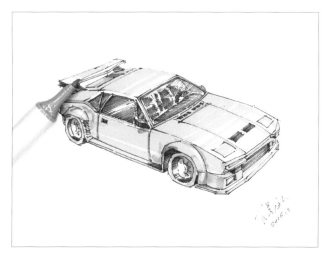

步骤 14 用马克笔 B240 和 B241 为汽车车灯和尾翼前端的构件着色，注意留出车灯的高光部分，尾翼前端的构件用颜色深浅体现立体感。

 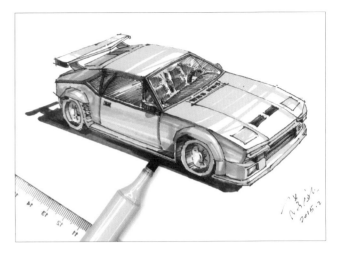

步骤15 用马克笔 NG279 画出车窗边框亮部的颜色。用马克笔 NG280 画出车窗边框暗部和地面上汽车投影的颜色。

步骤16 用直尺辅助马克笔 191，以扫笔法加重地面上汽车投影的局部颜色，再用该笔适当加重汽车的转折处和暗部最深处颜色，提高画面对比度。

步骤17 根据受光规律仔细分析汽车的高光位置，用三菱牌高光笔以流畅的弧线进行提亮。

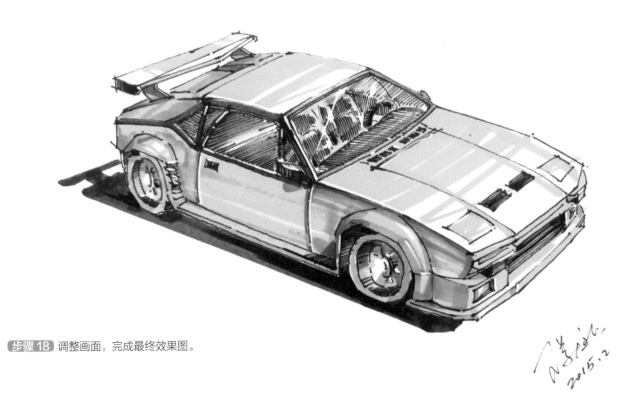

步骤18 调整画面，完成最终效果图。

2020·2·23

4.4 建筑配景模板马克笔表现

　　建筑配景的掌握，不能局限于其本身的画法，如何在建筑场景中进行合理的构图，并处理好配景与建筑之间的结合关系是重点与难点。为解决这个问题，我们根据建筑手绘的常规构图模式，设计了一系列"建筑配景模板"，学习该模板，有助于掌握建筑场景手绘中的配景方法。在以下案例中，我们不仅从构图和视角上分析建筑配景模板的画法，更将几种当下最流行的建筑手绘配色方案渗透其中。

| 4.4.1　平透视模板马克笔表现 |

　　当视平线高度设为正常人的身高时（一般设置在距地面1.5m~2m），画面通常为我们站在建筑旁边观察建筑的视觉效果，这种效果大家最熟悉，这是建筑手绘中一种常用的透视角度，即平透视。该视角的建筑配景模板的绘制步骤如下。

步骤 01 选用 A4 版幅手绘纸，用铅笔在纸面垂直方向自上至下大约 2/3 高度的位置画出视平线，纸面右侧靠近纸边处设置灭点 O，另一个灭点 O' 设置在左侧画面外。之后，在画面左右两侧留出一定的边框空白，用铅笔以短竖线标记。

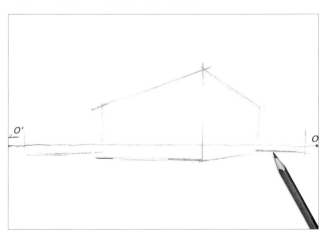

步骤 02 用铅笔按照两点透视规律，画象征建筑物的长方体轮廓及地平线。注意，该长方体大小要适应画面构图比例，画面外的 O' 点不必准确找到，心中有数即可。凭经验而论，长方体最靠前的顶点夹角（即图中最高顶点）控制在 120° 左右，长方体下方接地的边尽量画得水平一些。

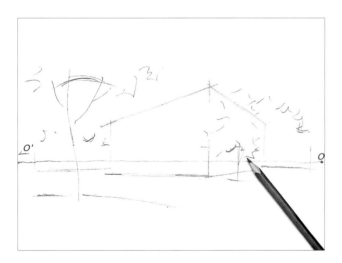

步骤 03 以长方体建筑为主体，用铅笔快速画出前景树、中景树、背景树的轮廓。注意，前景树的根部不要距建筑接地边过远，顶部要有一组树叶向右下角突出，与建筑顶边形成对比；中景树要突破长方体建筑右侧的顶边和底边，适当突破建筑最强转角线，不要遮挡建筑转角点；根据画面左右构图的平衡关系设置背景树的高低起伏——左低右高。

步骤 04 用三菱牌0.5型签字笔画出前景树的细节轮廓与结构。注意树冠"凹槽"部分树叶的前后层次表达。

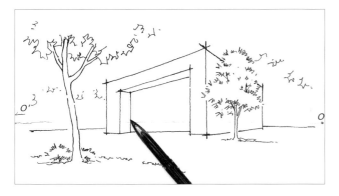

步骤 05 用三菱牌 0.5 型签字笔，先画出中景树、建筑造型的轮廓与结构，再画出地平线和背景树轮廓。

步骤 06 用三菱牌 0.5 型签字笔，按照两点透视规律，画出建筑造型（该造型以示意为目的，暂时省去建筑的要素和功能）的玻璃幕墙分格线。然后参照视平线画出场景中的简笔人物，注意不管人物站在什么位置，人物头部一律要"顶"在视平线上，进而确保人物拥有正常身高。

步骤 07 设置光源在画面左上角。用马克笔 182 以扫笔法为立方体受光面着色。注意，扫笔的时候，可从建筑左侧边线扫起，将笔触直接扫入建筑右侧暗部之中，中间不要停顿，如果一些笔触扫入玻璃幕墙之中，亦无须理会，因为玻璃幕墙的颜色完全可以覆盖住当前颜色。再用该马克笔，以排笔法为紧邻玻璃幕墙左侧的小立面铺满颜色。注意，当画面左上角的光源直接照射建筑玻璃幕墙的洞口时，则刚铺满颜色的小立面不是背光面，而是固有色面，其上可产生斜角投影，因此该面颜色不会太深。最后，用马克笔 YG266 以竖向排笔法画出建筑最右方背光面的颜色，反光部分适当留白。

步骤 08 设置光源在画面左上角并直射建筑玻璃幕墙洞口，用马克笔 YG264 先画出该洞口左侧立面上的斜三角投影，再用该笔以"斜推"笔法从右往左画出洞口顶面的颜色，接近斜三角投影的反光区域适当留白，最后用该马克笔以扫笔法画出建筑右侧背光面的反光区域颜色。

步骤 09 本图采用平涂提框法绘制天空，使用马克笔 B240 以横向排笔法铺满天空颜色。注意，画面左右两侧笔触尽量靠齐，最好由下往上排笔，最顶端可使用窄笔触和点笔收尾。

步骤 10 为前景树和中景树着色。前景树树冠用色为马克笔 G59、马克笔 G61。前景树枝干用色为马克笔 PG40。地被用色为马克笔 G59（草地），马克笔 YG26、马克笔 YG30、马克笔 G61（低矮植物）。中景树树冠用色为马克笔 YG26、马克笔 YG30。中景树枝干用色为马克笔 E132。

步骤 11 为建筑的玻璃幕墙着色。先用马克笔 B241，以横向搓笔法为玻璃幕墙铺满颜色，注意右下角适当"切出"留白区域，以示高光。再用马克笔 BG107，以排笔法沿着斜三角投影，画出玻璃幕墙上的洞口檐部投影。然后，用马克笔 BG107，以细笔触勾画一遍玻璃幕墙的分格线，注意笔触尽量贴着垂直分格线墨线稿的右侧及水平分格线墨线稿的上檐画，如此可更好地显示每块玻璃的厚度；玻璃幕墙洞口顶面的反光部分受玻璃颜色的影响，应呈现冷灰色，建议使用马克笔 BG84 着色。

步骤 12 为场景中的地面着色。用马克笔 PG40，以横向排笔法从远处地平线画起，逐渐往画面下方平铺。注意，平铺过程中要避开建筑接地的部分，最后使用细笔触和点笔法配合收尾。再用马克笔 BG106，以搓笔和点笔结合的笔法为背景树着色。

步骤 13 为场景绘制投影。根据受光规律，用马克笔 NG280，先为前景树的树冠暗部、树干转折处、树枝与树冠底部相接的投影部分、低矮植物的暗部、草皮上低矮植物的投影着色。再用该马克笔为场景中的人物和中景树投影着色。注意，为了避免场景地面"过碎"，本图省略了前景树在地面上的投影，这一投影需根据画面的构图关系选择性使用。

步骤 14 继续绘制场景中的投影。根据受光规律，用马克笔 PG41，画出地面上的建筑投影，尽量将该投影与地平线连接。再用该马克笔以扫笔法加深左侧地平线下方颜色，并通过笔触变化使之与地面已有的颜色融合，过渡自然。这一做法可使建筑看起来更加稳固，地面的空间进深感更加强烈。

步骤 15 建筑玻璃幕墙在投影中的分格线并不醒目，需使用马克笔 NG282 进一步加重。

步骤 16 丰富背景树层次。用马克笔 NG282 以多种笔触组合，进一步丰富背景树的层次和结构。

步骤 17 为场景中的人物着色。自由选择适合的颜色，以点笔法表现人物的服饰。注意：一方面，为人物服饰着色要在受光面的高光部分留白，切忌平涂；另一方面，人物是场景中的活跃因素，因此尽量选择与环境色形成对比的颜色为人物着色，例如，站在玻璃幕墙前面的人物，其服饰尽量不要选用蓝色的邻近色。

步骤 18 为场景中各部分加重色。使用马克笔 191，为场景中所有人物的"裤子"加重色（站得稳），再找出场景中每个事物暗部、投影、转折处的最深色位置，用该笔加重其颜色，增强画面的颜色对比效果。

步骤 19 加重建筑结构线。使用直尺辅助三菱牌 0.7 型签字笔，加强建筑的明暗交界线和接地结构线，注意强调线条的力量感。

步骤 20 规整构图，提亮高光部分。先用直尺辅助百乐牌草图笔为画面圈出边框线，注意线条交角处要适当画出头，为画面增加力量感和设计感。再根据受光关系，用修正液为画面各高光部分提亮，特别注意对玻璃幕墙分格线高光部分的提亮，这是凸显玻璃质感的关键环节。

步骤 21 调整画面，完成最终效果图。

4.4.2 犬透视模板马克笔表现

当视平线与地平线重合时，建筑底边形态会接近一条水平线，这种视角称为"犬视角"。画犬视角透视只需考虑视平线以上部分的透视关系，因此难度较低，易于把建筑塑造得高大、壮观，但不利于表现空间凹凸变化过大的建筑造型。该视角的建筑配景模板的绘制步骤如下。

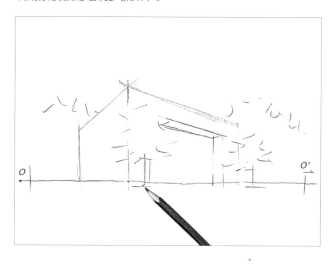

步骤 01 建议选用 A4 版幅手绘纸。用铅笔在纸面垂直方向自上至下大约 3/4 高度的位置画出视平线（同时也是地平线），纸面左侧靠近纸边的视平线上设置灭点 O，另一个灭点 O′ 设置在右侧画面外。再按照两点透视规律，用铅笔画出长方体建筑、中景树、背景树的轮廓（如画面左、右上角不显得空，可以不设置前景树），中景树落地的位置要适当低于视平线。注意，理论上来说，按照视平线与地平线重合的规律，图中的地面应为一条水平直线，但如此操作，地面的视觉效果会显得单调。为了让犬视角透视图拥有一定的空间效果，我们可以主观地在地平线以下增加少量空间，这一空间不追求丰富的地面铺装，只要能够通过其区分各个落地形体的前后位置即可。因此，地平线以下的空间务必要窄些，通常可将这一空间设置为草坪，或用马克笔绘制两条重色水平笔触表现硬化地面。无论如何处理，地面一定要与建筑保持紧凑感，不要往下延伸太多。

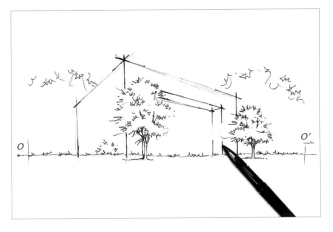

步骤 02 用三菱牌 0.5 型签字笔，先以"M"形线画出表示草皮的地平线，再画出中景树、背景树、建筑的轮廓与结构。注意，如果没有把握一笔干净利落地画准建筑轮廓线，可以利用"断线法"画出其主要端点。

提示

"断线法"：指面对难以徒手画直的较长直线时，可先以徒手绘制的短直线标注其两端点的准确位置，中间过程线断开，以备后续用"修线法"予以连接的手绘技巧。

"断线法"的操作：先在形体的转角处顿笔，再往目标方向运笔扫出短线，完成长直线一个端点的标注，然后以同样的方法完成长直线另一个端点的标注，如此，一条长直线起点和终点的位置即标注完毕，两条短线之间的过程线呈自然断开状态。

步骤 03 设置光源在画面右上角，建筑外墙材料为木材。用三菱牌 0.5 型签字笔，按照两点透视规律，运用"断线法"画出建筑外墙木材饰面和玻璃幕墙的分格线。注意，建筑亮面的高光部分应尽量断线留白。接下来，画场景里的人物。在犬视角下人物高于视平线，为了画出身高较为统一的人群，可先画建筑最强转角线附近的人物，在这个位置的人物个子最高，然后根据两点透视规律，画面两边的人物身高逐渐降低。注意，人物具体身高的确定，还需参照相邻建筑的高度比例。

步骤 04 用直尺辅助三菱牌 0.5 型签字笔，使用"修线法"连接建筑结构中的长直线。然后，更换三菱牌 0.7 型签字笔，用直尺辅助，使用"修线法"加强建筑的明暗交界线，突出建筑的坚挺感。

提示

"修线法"：指在直尺的辅助下，用较粗的墨线加强原有的方向准确，但力度不足或不连贯的直线的方法。"修线法"的操作要符合"划线"运笔要领，即连接直线两端点时，起点和终点都要顿笔，画过程线运笔略轻一些，使修完的线条更加强烈地呈现出徒手画线的力量感。

步骤 05 本图计划采用当前建筑快题中比较流行的"灰色调配色法"着色，以各种色相和纯度的灰色为画面着色，形成更具内涵的"高级灰"色调表现图。开始进行对天空的渲染，先用马克笔 BG85 以搓笔法为天空与建筑、背景树之间的夹角着色。

步骤 06 用马克笔 BG85 渲染天空，心里要有云的存在意识，云需要用留白予以表示。当画完天空与背景树、建筑之间的夹角时，天空的上半部分以留白为主，适度用短搓笔法点缀代表天空的蓝灰色，形成更为生动的天空变化效果。

步骤 07 为建筑着色。根据受光规律，用马克笔 E174 为建筑受光面着色。再用马克笔 RV130，以排笔法为建筑背光面着色。

步骤 08 初步为中景树着色。根据受光规律，用马克笔 GG63、马克笔 GG64、马克笔 GG66 叠加画出树冠层次。注意，控制色彩的层次数量和明度反差可形成不同程度的对比效果。本图中距离观者较近的树冠对比效果要强一些，因此，色彩的层次数量和明度反差都要大一些；较远的树冠对比效果要弱一些，因此，色彩的层次数量和明度反差都要小一些。

步骤 09 为草坪着色。根据受光规律，先用马克笔 BG62 以排笔法画出草坪颜色，再用马克笔 GG66 以扫笔法加重建筑接地部分和建筑投影位置的草坪颜色。注意，排笔笔触要有点、线、面的变化，表示地面厚度的部分要控制在比较窄的范围内。

步骤 10 为建筑的玻璃幕墙着色。先用马克笔 B240，以斜向搓笔法铺满玻璃幕墙的颜色，注意适当留白，以示高光部分。

步骤 11 为背景树着色。用马克笔 YG262，以搓笔和点笔结合的笔法为背景树铺满颜色。再用马克笔 YG264 用点笔触和细笔触加深背景树的细节，注意背景树与建筑临接部分的靠线要整齐。

步骤 12 为建筑的暗面和投影着色。用马克笔 E132 与马克笔 E133 以排笔法为建筑左侧暗部立面着色，反光部分适当留白。用马克笔 E132 以搓笔和点笔结合的笔法，从左向右为玻璃幕墙洞口的顶部着色，反光部分适当留白。用马克笔 E133 画出玻璃幕墙洞口右侧立面的斜三角投影。用马克笔 YG264 加重建筑左侧墙角处的低矮植物颜色。

步骤 13 用马克笔 RV130 以细笔触加强建筑受光面的木材分格线。再用马克笔 BG107，以排笔法沿着斜三角投影的位置，画出玻璃幕墙上的洞口檐部投影。最后，用马克笔 BG107，以细笔触勾画一遍玻璃幕墙的分格线。本步骤可适当用直尺辅助。

步骤 14 用马克笔 YG266 画出植物、建筑在地面上的投影，再用该笔加强中景树枝干和背景树颜色最深的区域，提升画面对比效果。

步骤 15 玻璃幕墙洞口顶面的反光部分，受玻璃颜色影响应呈现冷灰色，建议使用马克笔 BG86 着色。

步骤 16 为场景中的人物着色。建议选择丰富且纯度略低的颜色，以点笔法表现人物的服饰。注意人物服饰受光面的高光部分适当留白，切忌平涂。

步骤 17 为场景加重色。使用马克笔 191，为场景中所有人物的裤子加重色，再找出场景中每个事物暗部、投影、转折处、树枝的颜色最深位置，用该笔加重其颜色，增强画面对比效果。

步骤18 提亮高光部分。根据受光规律，用修正液对画面各高光部分提亮，特别要注意提亮玻璃幕墙分格线的高光部分。

步骤19 调整画面，完成最终效果图。

4.4.3 俯视模板马克笔表现

视平线高出场景内建筑最高点（视平线的高度甚至可高出画纸顶边）形成的透视画面，称为"鸟瞰图"。这种视图，可清晰地表达建筑顶部造型变化和多样的场地环境，所表现的建筑立面内容却稍欠充分。鸟瞰图适合表现建筑顶部造型突出，体块结构比较丰富，场景较大的单体或群体建筑。该视角的建筑配景模板绘制方法如下。

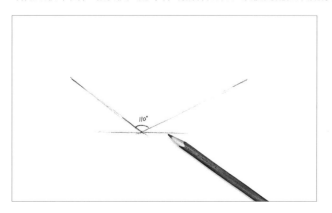

步骤01 建议选用A4版幅手绘纸，目测视平线高度和两个灭点的位置，做到心中有数。先画场景中建筑在地面上的正投影。用铅笔在纸面画出距离观者最近的角，角顶点具体位置为纸面垂直方向自上至下约2/3，水平方向自左至右约2/5的交叉处。具体操作：先画出通过角顶点的水平线，再根据两点透视规律，画出约为110°的夹角，夹角两边与水平线形成的夹角大小需相近。

步骤 02 用铅笔按照夹角两边线段的长度，根据两点透视规律，画出靠后的两条边，使其相交形成带有透视感的长方形。

提示

为了保证这种两点透视俯视长方形的透视准确，特推荐以下几种验证方法。

① 往同一灭点连接的两条边，要符合近大远小的规律。

② 目测长方形相互平行的两条对边向远处延伸后的交叉点位置，感受这两点是否能保持在一条水平线上，哪个点偏高，说明相应的两条边过于平行，应调整靠后那条边的倾斜度，使之倾向"水平方向"一些。

③ 可先用铅笔按照画"平行线"的习惯画出长方形，然后将俯视长方形最靠后的顶点尽量往下移，调整至目测透视关系令人比较舒服的位置时，再与其左右的两个端点连线，形成透视长方形。最后，用橡皮擦掉之前画的两条平行线。

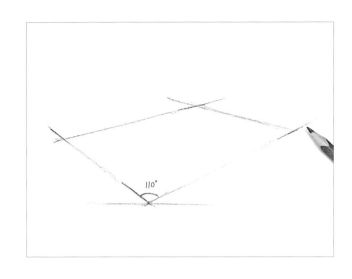

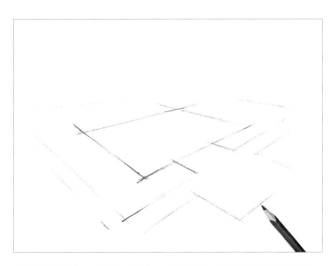

步骤 03 根据两点透视规律，用铅笔画出建筑周边的场地结构。

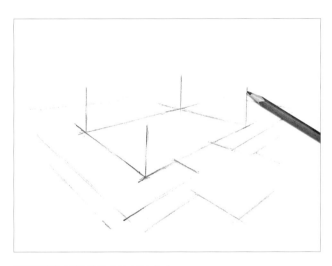

步骤 04 用铅笔确定建筑的高度。

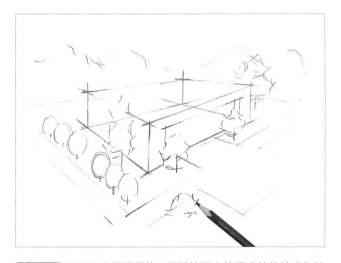

步骤 05 根据两点透视规律，用铅笔画出俯视建筑的轮廓与结构。再画出前景树、中景树、背景树的轮廓。注意，中景树要与建筑高度保持合适的比例，行道树要满足近大远小的透视规律。

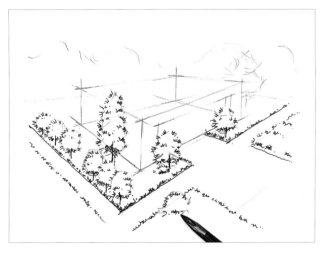

步骤 06 用三菱牌 0.7 型签字笔，按照由近及远的顺序，画出前景树、中景树、草坪边界线的细节轮廓。

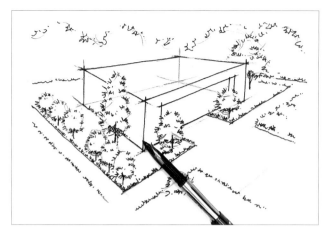

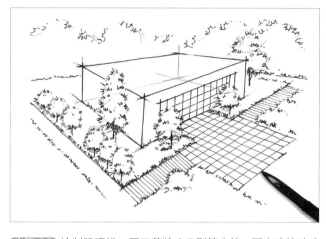

步骤 07 用三菱牌 0.7 型签字笔，画出建筑结构和背景树的细节轮廓。注意，建筑的结构线可以使用弯曲度较小的拖线来画，亦可将"断线法"与"修线法"相结合来绘制长直线。总之，一幅建筑手绘图中的直线，或自然弯曲，或规整坚挺，务必保持统一。

步骤 08 绘制肌理线。用三菱牌 0.5 型签字笔，画出建筑玻璃幕墙的分格线及地面各种铺装的分格线。注意，以上这些细密的线条我们可以统称其为"肌理线"，画这些线时，一方面要参照透视规律，另一方面要严格按照主体建筑的主要结构线方向去画，确保地面肌理线与建筑接地线倾斜角度的一致性。

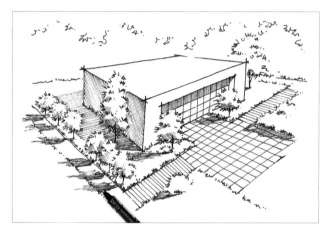

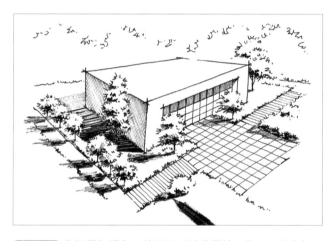

步骤 09 以排线法画暗部、投影。设置光源在画面右上角，用白雪牌中性笔，以排线法画出建筑、中景树的暗部和投影。前景植物只需画出投影，不需刻画暗部。

步骤 10 为场景加重色。使用百乐牌草图笔，找出场景中每个事物暗部、投影、转折处等颜色最深的位置，加重其颜色，增强画面的明暗对比效果。至此，完成本图线稿部分。

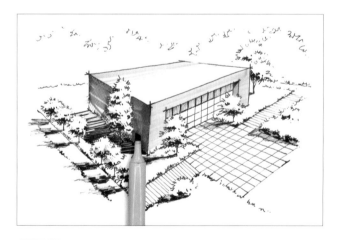

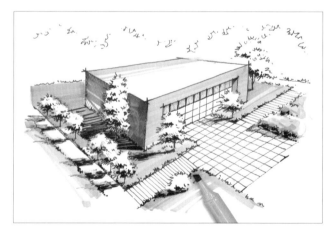

步骤 11 初步为建筑着色。根据受光规律，该建筑顶面为亮部，右立面为灰部，左立面为暗部。用马克笔 182 和马克笔 183 以扫笔法为建筑受光面着色，注意受光面靠前的部分尽量多留白。再用马克笔 183 以横向排笔法铺满建筑的灰部颜色。最后用马克笔 YG264 以竖向排笔法为建筑的暗部和斜三角投影着色，反光部分适当留白。

步骤 12 本步骤采用当下比较流行的"灰绿色调"为画面着色。先用马克笔 G56 以排笔法为草坪铺色，注意前景和画面边缘要用细笔触收边，并适当留白。再用马克笔 G57 以排笔法，从草坪远处开始画起，逐渐变换笔触向近处过渡，增强草坪层次感。注意，前景部分草坪较暗的部分和体现草坪厚度的部分亦需用该笔加强，笔触可适当活跃些。

步骤 13 为植物着色。参照范围，用马克笔 YG26 和 YG30 为图中暖绿色植物着色，注意先为近处行道树着色，再为远处行道树着色。近处植物以较亮的马克笔 YG26 颜色为主，远处植物以较灰、较暗的马克笔 YG30 颜色为主，通过对比效果的逐层减弱，提高画面的空间深度。再次参照范围，用马克笔 G59、G60 完成图中正绿色植物的着色。

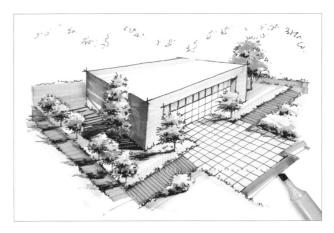

步骤 14 为硬化部分着色。用马克笔 E246 为图中方格状广场砖着色；用马克笔 E168 为图中木栈道着色；用马克笔 NG279 为图中普通硬化路面着色，注意排笔方向和收尾笔触的变化。

步骤 15 初步为投影和背景树着色。用马克笔 GG66 为图中草坪上的投影着色；用马克笔 BG106 为背景树着色。

步骤 16 为建筑的玻璃幕墙着色。先用马克笔 B241，以斜向搓笔法铺满玻璃幕墙颜色，适当留白以示高光部分；再用马克笔 BG107，以排笔法沿着斜三角投影的位置，画出玻璃幕墙上的洞口檐部投影；然后，用马克笔 B241 以细笔触勾勒玻璃幕墙留白处的分格线，用马克笔 BG107 以细笔触勾勒玻璃幕墙其他部分的分格线，进而更好地显示每块玻璃的厚度。

步骤 17 用马克笔 NG280 以排笔法为建筑左侧的普通硬化路面加重颜色，进而调整画面左半部分的均衡感。注意运笔方向和笔触的变化。

步骤18 用马克笔 B240 以排笔法铺满天空颜色；用马克笔 YG37 以点笔法加重暖绿色植物的暗部；用马克笔 NG280 以点笔法加重正绿色植物的暗部；用马克笔 YG264 为建筑门前广场上的植物投影着色。

步骤19 刻画背景树。用马克笔 NG282 以点笔法和细笔触画出背景树暗部、树枝等细节，注意背景树与建筑临接的部分靠线要整齐。

步骤20 提亮高光部分。根据受光规律，用修正液提亮画面各高光部分，特别注意对玻璃幕墙分格线和地面肌理线的高光部分提亮，这是凸显质感的关键环节。

步骤21 调整画面，完成最终效果图。

4.5　建筑局部马克笔表现

　　建筑局部马克笔表现训练，是开启整幅建筑手绘图训练的最后一个基础环节。每幅建筑手绘图都有其视觉中心，在画面中需要对其重点刻画并处理好细节，使之成为画面中最吸引人的亮点。对视觉中心位置的确定和塑造方法的掌握，是画好建筑手绘图的关键。通常来说，建筑手绘图的视觉中心为建筑主入口，如主入口被遮挡，或在构图中看不到，则应以建筑顶造型为视觉中心。而视觉中心的塑造方法主要在于利用比例、结构、质感、光影的强调和表现，使之引人注目。

┃4.5.1　建筑主入口马克笔表现　┃

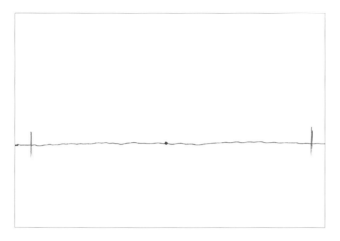

步骤 01 建议选用 A4 版幅手绘纸。该图为一点透视的博物馆主入口，先用铅笔在纸面垂直方向自上至下大约 2/3 高度的位置画出视平线，将灭点画在画面水平方向 1/2 偏左的位置，最后在画面左右两侧留出一定的边框空白，用铅笔以短竖线标记。

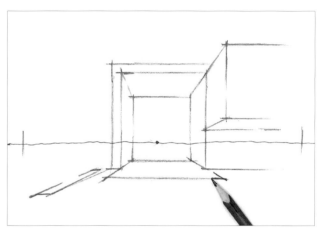

步骤 02 根据一点透视规律，用铅笔画出建筑主入口的轮廓。注意主入口处的景观墙和台阶，需先画出其在地面上的正投影的轮廓。

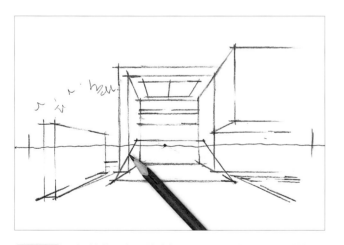

步骤 03 用铅笔进一步完善建筑主入口的结构。主入口处的景观墙需在步骤 02 基础上确定适合的高度，形成长方体。主入口处的台阶，需定位好其最高台阶边线与两侧墙面相交的端点，再与地面投影最外边线的两端点连线，形成斜坡状的基本轮廓，此步骤无须画出具体台阶。

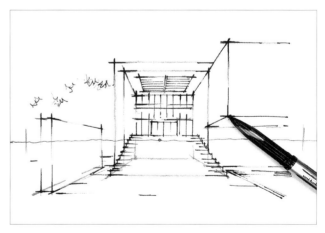

步骤 04 用三菱牌 0.7 型签字笔，按照两点透视规律，以"断线法"画出建筑主入口的基本结构。

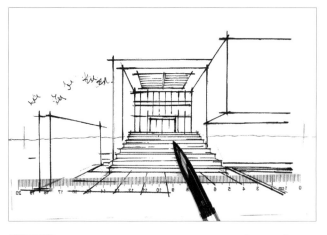

步骤 05 用直尺辅助三菱牌 0.7 型签字笔，以"修线法"完善建筑主入口的基本结构和肌理线，对于建筑主入口的明暗交界线和接地线，需用"修线法"予以重点加强。

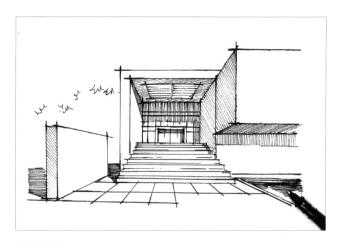

步骤 06 用白雪牌中性笔，根据受光规律，以排线法画出建筑主入口的暗部、投影及水面倒影。注意排线的方向与疏密。

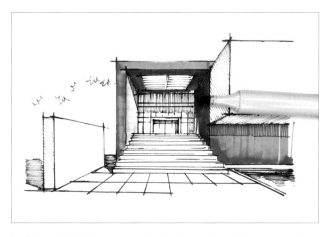

步骤 07 为建筑主入口的墙体着色。根据受光规律，用马克笔 R143 以排笔法画出墙体亮部颜色；用马克笔 R144 以排笔法画出墙体正立面固有色；用马克笔 R148 以排笔法为墙体暗部着色，包括主入口内部的侧立面和顶面，反光部分适当留白。

步骤 08 为建筑主入口的台阶着色。根据受光规律，台阶的踏步平面为亮面，立面为灰面。用马克笔 NG278 以排笔法画出台阶立面颜色，台阶亮面留白；用马克笔 NG279，加重靠前台阶立面的局部颜色，同时用该笔完善后半部分台阶投影区域的颜色。

步骤 09 用马克笔 YG262 以横向排笔法画出建筑主入口前的地砖颜色，再根据受光规律，用马克笔 YG262、YG264、YG266 分别画出建筑主入口右侧凸出体块的各面颜色，反光部分适当留白。

步骤 10 根据受光规律，用马克笔 NG279，以横向排笔法画出建筑主入口左侧景观墙受光面颜色，该墙上部适当留白以示反光；用马克笔 B240 为主入口处的玻璃幕墙和顶部格栅着色，适当留白以示光感。

步骤11 根据受光规律，用马克笔 NG280 为景观墙背光面着色，反光部分适当留白；用马克笔 YG264 为地面上景观墙和建筑的投影着色；用马克笔 NG280 为投影的最近端加重颜色；用马克笔 G58，以搓笔、点笔相结合的笔法，为背景树着色。

步骤12 用马克笔 NG280 以横向排笔法为景观墙受光面着色，以示地面在景观墙上的反射效果，突出景观墙受光面光洁的质感。

步骤13 用马克笔 PG41 为红色墙体上的投影着色，用马克笔 BG107 为玻璃幕墙上的投影着色，用马克笔 PG40 为建筑右侧凸出墙体的投影着色，用马克笔 BG95 和 BG97 为画面右下角的水面着色，用马克笔 NG279 和 NG280 为画面右下角的水池边缘着色。

步骤14 为画面施加重色。用马克笔 NG282 为画面右下角地砖的前沿施加重色，该做法起到拉近空间、平衡构图的作用。再用该马克笔以点笔法和细笔触丰富背景树层次。

步骤15 完善画面重色。用百乐牌草图笔加重玻璃幕墙投影区域内的分格线，再用该笔加重背景树的部分树枝颜色。

步骤16 提亮高光部分。根据受光规律，用修正液提亮画面各高光部分，该图有较多长直线结构，可用直尺辅助修正液画出笔直的高光线。

步骤17 调整画面，完成最终效果图。

| 4.5.2　建筑顶造型马克笔表现 |

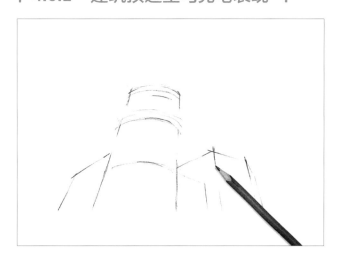

步骤01 为了表现建筑顶造型的仰视效果，本部分参照三点透视法进行线稿绘制。该画面视平线低于画纸底边，因此视平线上的两个灭点在画面之外，作为"天点"的第三个灭点亦高于画面顶边。3 个灭点都在画面之外，不便标记，做到心里有数即可。用铅笔画出该建筑顶造型的主要轮廓，注意几个体块之间的比例关系。

步骤02 按照下宽上窄的透视规律，用铅笔画出该建筑的主要结构线。

步骤 03 用三菱牌 0.7 型签字笔，在步骤 02 的基础上，以拖线画出该建筑的基本结构。

步骤 04 用白雪牌中性笔，在步骤 03 的基础上，以拖线深入刻画建筑装饰构件和窗户的具体结构，注意进深方向、透视结构的表现。

步骤 05 设置光源在画面右上角。用白雪牌中性笔，画出建筑墙面的石材肌理效果，受光面的石材肌理部分可适当留白。

步骤 06 根据受光规律，用白雪牌中性笔，以排线法画出建筑外部的暗部与投影。

步骤 07 用百乐牌草图笔，加重建筑装饰构件暗部最深区域的颜色和窗户玻璃颜色。注意，加重玻璃窗颜色是表现古典建筑常用的技法，玻璃上的重色通常代表玻璃对周边事物的反射，玻璃上的留白通常代表玻璃对天空的反射。因此，加重色之前，要整体分析画面中所有窗户的受背光关系，处于背光区域的窗户，应加较多的重色，留白较少；处于受光区域的窗户，应加较少的重色，留白较多。所有窗户形成统一的受背光趋势，可以有效地防止窗洞颜色过"碎"。至此，本图线稿部分完成。

步骤 08 为石材墙体着色。根据受光规律，用马克笔 PG39 以竖向排笔法为最高塔楼的主体石材墙面和下方窗户的装饰拱券着色，再用马克笔 182 为塔楼和裙楼的装饰边带（红色框部分的石材）着色。注意，给圆柱形塔楼着色时，先从其明暗交界线画起，再依次为暗部、灰部着色，亮部可借助点笔法点缀石材颜色并适当留白。

步骤 09 为建筑非石材墙体着色。根据受光规律，用马克笔 RV130 以横向排笔法为裙楼的墙体亮部着色，用马克笔 E133 以横向排笔法为裙楼的墙体暗部着色。注意，画面底部以细笔触收尾，保持构图完整。

步骤 10 为建筑的窗户和反光部分着色。用马克笔 BG86 为建筑窗户玻璃的留白区域着色，同时用该马克笔以扫笔法为窗洞顶面和建筑墙体的反光部分着色。注意，受玻璃和天空颜色的影响，本建筑的反光部分可呈冷色。

步骤 11 为塔楼顶部的弧线装饰带着色。塔楼顶部的弧形装饰带为圆环形，根据受光规律，该装饰带顶部为亮部，中间的立面为灰部，底面为暗部。在步骤 10 的基础上，用马克笔 PG40 为弧形装饰带的灰部和暗部着色。注意，灰部较亮的区域适当留白，暗部已有反光颜色的区域要尽量保留，不要过多覆盖。

步骤 12 继续为塔楼顶部的弧形装饰带着色。在步骤 11 的基础上，用马克笔 PG41 为弧形装饰带暗部着色（墨线排线最深的区域），明确展示装饰带的体面关系。再用马克笔 PG40 和 PG41 分别为塔楼顶部弧形装饰带的立面和底面着色。

步骤 13 深入刻画建筑石材的肌理效果。根据受光规律，用马克笔 YG264 以点笔法为建筑暗部区域的石材墙面加重颜色，注意不要平涂，可适当留白。再用该笔为建筑墙面上的各种投影着色（特别要注意画出窗台和各种装饰构件在墙面上的投影，以及窗洞的斜三角投影）。最后用该笔的细笔触为装饰石材的暗部着色，增强石块的立体感。

步骤14 对于塔楼墙面上偏黄色的装饰石材，可在步骤08的基础上，用马克笔183为暗部区域的石材装饰墙叠加颜色，从整体上分出受背光关系。再用马克笔YG264，选择墙面上"非凸起"的石块，以点笔法加重颜色，并深入刻画石块之间的投影关系，进而呈现墙面肌理的凹凸效果。

步骤15 为窗户的投影着色。根据受光规律，用马克笔BG107为窗户上的投影区域着色。

步骤16 提亮高光部分。用三菱牌高光笔，提亮窗洞中的各种窗棂线。之所以选择高光笔，而非修正液，是因为高光笔颜色干后会变浅，适合表现建筑中白色窗棂线若隐若现的效果。再用该高光笔，根据受光规律，对建筑墙面上的高光部分进行提亮。注意，该图细节较多，不用对每个结构的高光部分都进行提亮，否则会显得太"碎"，只需把握主要关系。

步骤17 调整画面，完成最终效果图。

第 5 章

建筑效果图马克笔手绘训练

建筑效果图马克笔手绘训练，是本书内容的高级阶段，也是手绘者需要大量进行的训练。通常的建筑表现训练，往往以临摹别人画好的马克笔手绘作品为主，对于照片写生涉及较少，于是造成手绘者只知其一不知其二，难以拥有自主的透视分析能力和配色能力，手绘创作力不从心。本章在建筑效果图马克笔手绘训练方面，精选多种建筑风格的照片素材进行写生，并加以全流程的示范讲解，力求引导手绘者提高自学、自析、自创能力。

本章主要内容包括现代小型建筑马克笔手绘、现代文化建筑马克笔手绘、快题风格现代建筑马克笔手绘、欧式古典建筑马克笔手绘、欧式休闲建筑马克笔手绘、当代文艺建筑马克笔手绘、现代高层建筑鸟瞰图马克笔手绘等。

请读者仔细品读本章内容，对于实景照片分析、构图分析、绘制线稿、马克笔着色的操作流程、灰色调配色法、鸟瞰图画法等要重点掌握。

5.1 现代小型建筑马克笔手绘

1. 实景照片分析

本照片中场景涉及建筑、绿化等多种表现项目,质感强烈、色彩丰富,为了更好地刻画该建筑,对于该场景的透视关系必须明确。

2. 构图分析

该建筑以三角形造型为主,这种造型容易扰乱观者对透视关系的判断。对于本照片,必须注意观察视平线的高度,然后根据主体三角形建筑的底面边线倾斜度寻找灭点。经分析,本照片视平线为红色线,灭点为蓝色圆点。另外,本照片的中景部分植物和背景部分植物在选色上应推敲其纯度和明度关系,为表现玻璃与木材的质感,也需慎重考虑色彩选择的准确性。

3. 绘制线稿

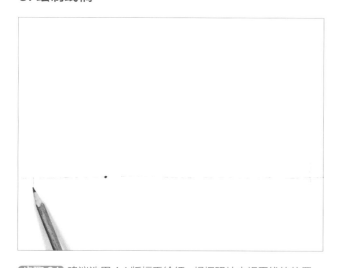

步骤 01 建议选用 A4 版幅手绘纸。根据照片中视平线的位置,在纸面靠下约 1/3 处,用铅笔定位视平线,该照片为一点透视,灭点在纸面靠左约 1/3 处,亦用铅笔画出。之后,在画面左右两侧留出一定的边框空白,用铅笔以短竖线标记。如此,两条短竖线内部区域为构图区,以外为留白区,此做法有利于帮助手绘初学者克服构图过大的常见问题。

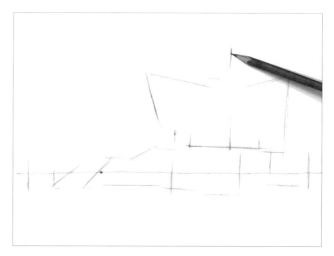

步骤 02 根据一点透视规律,用铅笔按照比例画出建筑主体的轮廓,特别是嵌有玻璃幕墙的主体三角形建筑,需先从其底边中点位置画一条垂直线,作为中轴线。

步骤 03 在步骤 02 的中轴线上，目测比例关系，用铅笔确定三角形建筑的顶点，再将顶点与该建筑底边的两个端点连起来，构成建筑轮廓的斜边。

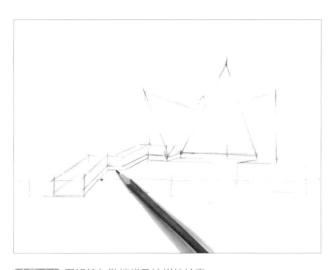

步骤 04 用铅笔勾勒楼梯及护栏的轮廓。

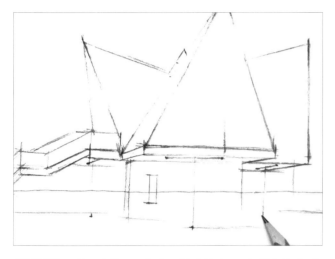

步骤 05 开始画建筑下面"V"形柱的轮廓。用铅笔先将"V"形柱与三角形建筑楼板底部的两个接触点，以一条线段的形式标出，再画出该线段的中垂线。按照此方法，先定位建筑正面的"V"形柱端点，再定位两个侧面的"V"形柱端点。

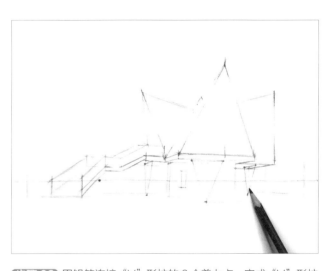

步骤 06 用铅笔连接"V"形柱的 3 个着力点，完成"V"形柱轮廓。

步骤 07 用铅笔画出建筑周边植物轮廓，注意树枝和树冠的虚实、隐现关系。

步骤 08 用三菱牌 0.5 型签字笔按照由近及远的顺序，画出地被植物和建筑的主体轮廓和部分结构，尽量概括细节，用线要干净利落。注意，较长的结构线可以用"断线法"绘制。

步骤09 用三菱牌 0.5 型签字笔进一步刻画建筑的结构。

步骤10 用三菱牌 0.5 型签字笔以"M"形线刻画中景和背景植物的结构，注意线条的虚实关系。

步骤11 用白雪牌中性笔深入刻画护栏结构和建筑的肌理效果。

步骤12 用较粗的三菱牌 0.7 型签字笔以"修线法"加强建筑的主要结构线和明暗交界线，为了强化线条的力度和准确性，该步骤可辅以直尺完成。

步骤13 调整画面，本图线稿阶段完成。

4. 马克笔着色

步骤 01 用马克笔 B240 以搓点结合法晕染天空颜色。注意，该色是画面中最浅的颜色之一，在大面积晕染时不必刻意避开建筑与植物，保持完整性即可，因为其他部分的颜色都可轻易覆盖该色。另外，天空的晕染应先把建筑轮廓与天空的夹角处涂满，然后留白，以示大片白云的效果，再用搓笔法配合点笔法，绘制画面左上角若隐若现的天空效果，以示构图的灵活。

步骤 02 为建筑木质墙面着色。设置光源在画面左上角。用马克笔 E174 为建筑受光面着色，适当为受光面最亮部分留白；用马克笔 E168 为建筑背光面着色；用马克笔 RV130 为楼梯踏步立面着色（踏步平面尽量留白）；用马克笔 E169 为建筑底面着色，靠近反光部分的区域适当留白。

步骤 03 用马克笔 B241 为三角形建筑的玻璃幕墙着色，可适当使用搓笔法，形成层次变化，注意留白。

步骤 04 用马克笔 YG262 以点笔法加强白色地被的暗部，亮部留白，渲染白色地被植物效果；用马克笔 YG24 为左侧植物和右下角绿地进行大面积着色；用马克笔 YG26 以点笔法加强画面左侧植物和左下角地被的暗部，用排笔法为右侧绿地（已着有 YG24 色）施以部分叠加色，强化其层次感。

步骤 05 用马克笔 RV216 和 R140 以点笔法在已有暖绿色基础上，完成 3 条地被绿化带中间一条的着色；用马克笔 R144 和 R148 以搓笔法配合点笔法，完成 3 条地被绿化带最上面的那条着色。

步骤 06 先用马克笔 YG30 以点笔法加重画面左侧植物和地被的暗部，以排笔法加重画面右下角绿地的暗部，丰富画面层次；用马克笔 YG37 以同样的笔法，加重画面中的植物和绿地暗部颜色更深的区域，增强对比度。

步骤 07 先用马克笔 G60，以搓笔、点笔相结合的方法为画面中的冷绿色植物着色，注意亮部适当留白；用马克笔 G61 以点笔法，在用马克笔 G60 着色的基础上加重植物的暗部，丰富植物层次。

步骤 08 用马克笔 G58 以搓笔法绘制远景植物，该色与之前所用的绿色相比偏灰，较为适合作为背景绿化用色。注意，运用搓笔法时利用色彩微层次的变化表现远景植物的立体感。

步骤 09 根据受光规律，用马克笔 PG41 以排笔法绘制建筑木质墙面上的投影，注意投影的轮廓要清晰。

步骤 10 用马克笔 BG107 以排笔法绘制玻璃幕墙上的投影，注意投影的轮廓要清晰。

步骤 11 画面背景为绿色，因此建筑楼板底部的反光部分可呈现灰绿色，用马克笔 GG64 以扫笔法为反光部分补色，注意扫笔要快，不可反复涂改，以免画脏。

步骤 12 用马克笔 NG280 以细笔触绘制出玻璃幕墙上的深灰色框架。

步骤 13 用马克笔 NG282 和 YG266 以点笔法或排笔法加强画面中各形体的暗部，及建筑、地被的投影。注意该步骤只为在重色中强调更深的颜色，增加画面层次感，切勿平涂，将原本丰富的色彩变得沉闷。

步骤 14 用最粗的百乐牌草图笔加重画面中植物枝干和护栏的背光部，增强画面的"脉络感"。注意，该步骤对于黑色粗实线的应用，尽量做到先重后轻、逐渐过渡、点到即止，切勿将黑色粗实线画得过于死板。

步骤 15 用修正液为建筑的高光部分提亮。注意修正液不要覆盖建筑明暗交界线处的粗实线，以免减弱建筑的坚实感，如有浸染，则应马上使用三菱牌 0.7 型签字笔再次强化被浸染的粗实线。

步骤 16 用修正液提亮颜色混杂的植物亮部的高光部分，以区分前后层次，同时用修正液提亮植物的主要枝干的高光部分，体现植物的骨骼感。

步骤17 调整画面，完成最终效果图。

5.2 现代文化建筑马克笔手绘

1. 实景照片分析

　　本照片中建筑沿袭江南书院风格，屋顶形似打开的书籍，将古朴风韵与现代气质完美融合。该场景涉及建筑、水体、绿化等多种表现项目，质感强烈、色彩丰富，为了更好地刻画该建筑，必须明确该场景的透视关系。

2. 构图分析

　　该场景透视关系比较简单，为典型的一点透视效果。经分析，本照片视平线为红色线，灭点为蓝色圆点。另外，本照片中的水体颜色并不鲜明，因此，在马克笔手绘中应注意选择适合展现水面效果的色彩。

3. 绘制线稿

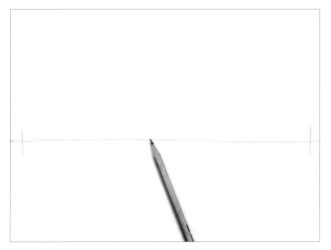

步骤 01 建议选用 A4 版幅手绘纸。根据照片中视平线的位置，在纸面靠下约 2/5 处，用铅笔定位视平线。该照片为一点透视，灭点在画面正中略靠左的位置，用铅笔在视平线上做好灭点的标记。之后，在画面左右两侧留出一定的边框空白，用铅笔以短竖线标记。

步骤 02 根据一点透视规律，用铅笔按照比例画出右侧建筑主体的轮廓、左侧植被的轮廓、中部水池景观的轮廓。注意，对于建筑夹角处的木饰面体块，应根据透视规律先画出其在地面上的正投影轮廓。

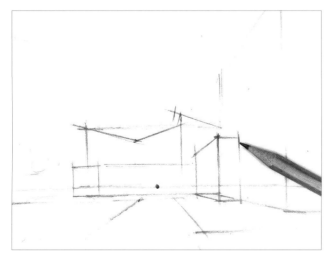

步骤 03 在正投影的基础上，用铅笔确定木饰面体块高度，并绘制整体造型，完成木饰面体块轮廓的绘制。

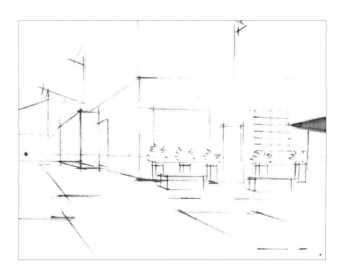

步骤 04 继续用铅笔画出画面右侧地面上座椅、装饰盆栽的轮廓，然后进一步勾勒出墙面、门、窗、装饰等轮廓。注意，右侧建筑墙面上有一组规整的圆形孔洞装饰，我们在绘制线稿阶段，可以先根据这组孔洞的行列关系，提炼出其骨架网格，再将网格绘制在墙面适合的位置上，网格的交叉点即相应孔洞的圆心。

步骤 05 用铅笔画出画面左侧长方体石座的轮廓，该步骤也应先画石座在地面上的正投影，再确定高度，绘制整体造型。整幅场景的铅笔构图完成。

步骤 06 用三菱牌 0.5 型签字笔按照由近及远的顺序，画出植物、景观、建筑的主体轮廓。注意，画面中较长的结构线，可以用"断线法"绘制。

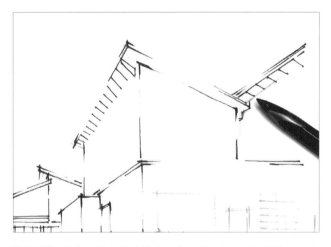

步骤 07 绘制建筑顶部的挑檐结构。用三菱牌 0.5 型签字笔按照近大远小的透视规律，等分画出装饰构件与挑檐底部的衔接线。

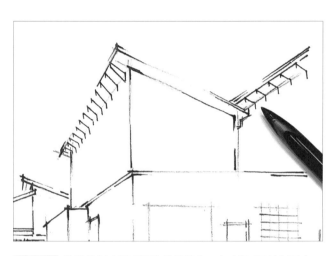

步骤 08 继续绘制建筑顶部的挑檐结构。在步骤 07 的基础上，用三菱牌 0.5 型签字笔按照近大远小的透视规律，画出每个装饰构件立面的垂直结构线。

步骤 09 在步骤 08 的基础上，用三菱牌 0.5 型签字笔按照透视规律完善装饰构件立面和底面。根据受光规律，再用该笔画出建筑玻璃幕墙的分格线。

步骤 10 用三菱牌 0.5 型签字笔，按照透视规律完善场景中其他部分的结构线。

步骤11 换用白雪牌中性笔，以排线法完善场景中的肌理线条，包括水面倒影、建筑中木饰面肌理、远处建筑玻璃幕墙的分格线、木栈道分格线等。

步骤12 用较粗的三菱牌 0.7 型签字笔，以"修线法"加强建筑的主要结构线和明暗交界线，为了提高线条的力度和准确性，该步骤可辅以直尺完成。

步骤13 调整画面，本图线稿阶段完成。

4. 马克笔着色

步骤01 用马克笔 B240 以搓点结合法晕染天空，水面较亮的位置也可用该笔以搓笔法适当着色，以示对天空的反射效果。注意，先把建筑轮廓与天空的夹角处涂满，然后留白，以示大片白云的效果，再用搓笔法配合点笔法，绘制画面左上角若隐若现的天空效果，使画面左右均衡且显得透气。

步骤02 为建筑的玻璃幕墙着色。根据受光规律，用马克笔 B241 以排笔法为建筑的玻璃幕墙着色。注意高光和反光部分尽量留白。

步骤 03 根据受光规律，用马克笔 NG278 以排笔法为建筑墙面受光面着色，注意从底部开始横向排笔，靠近高光部分的位置留白。再用马克笔 NG280 以竖向排笔法为建筑墙面背光面着色，注意以细笔触收尾。最后用马克笔 PG38 以扫笔法为建筑墙面的高光部分、建筑下方的木栈道局部及水池左岸的硬化地面局部着色，以示相应材质的反射效果。

步骤 04 用马克笔 YG264 为右侧建筑挑檐的底部着色。

步骤 05 根据受光规律，用马克笔 E246 为建筑中木材构件的亮部着色。同时用该笔为画面右侧的木质座椅和右侧水面上的平台亮部着色。再用马克笔 E247 为以上物体的暗部着色，反光部分适当留白。注意使用马克笔 E246 绘制建筑夹角处的木饰面体块时，可顺便使用竖向扫笔法将木栈道上该体块的反光画出。

步骤 06 根据受光规律，用马克笔 E168 以竖向笔触为木栈道的受光面着色，已着反光色的部分不要覆盖。另外，可使用该笔以扫笔法轻扫水面与木栈道的衔接处，产生一定的水面反射效果。再用马克笔 E169 为木栈道的背光面着色。然后，用马克笔 NG278 以横向排笔法为水池左岸的硬化地面和长方体石座着色，该笔也可以适当扫入临近的水面。最后用马克笔 BG95 以排笔法为水面铺色，已着反光色的部分尽量减少覆盖。

步骤 07 加重水面颜色。用马克笔 BG97，以横向排笔法和扫笔法为水面着色。注意留出水面各个反射部分的颜色，另外，凡是水与其他物体衔接的位置都应该在水面施加该色，并靠齐轮廓线。

步骤 08 用马克笔 YG24、YG26、YG30 分层叠加，为左侧草坪着色。

步骤 09 画面左侧的植物可以分为前、中、后 3 个组成部分。靠前的植物组成部分的画法类似于前景树，主色淡、对比强、层次少，推荐使用马克笔 G59 和 G61 着色；中部植物组成部分的画法类似于中景树，对比强、层次多，推荐使用马克笔 G60 和 G61 着色；靠后的植物组成部分的画法类似于背景树，主色重、对比弱、层次少，推荐使用马克笔 G58。另外，使用马克笔 YG262 为背景建筑着色，注意亮部通过笔触变化适当留白，暗部铺满。

步骤 10 为前景挂角树着色。用马克笔 E169 以细笔触为挂角树靠前的树枝着色，用马克笔 PG40 为较靠后的树枝着色，用马克笔 G61 以点笔法为稀疏的树叶着色。

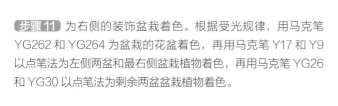

步骤 11 为右侧的装饰盆栽着色。根据受光规律，用马克笔 YG262 和 YG264 为盆栽的花盆着色，再用马克笔 Y17 和 Y9 以点笔法为左侧两盆和最右侧盆栽植物着色，再用马克笔 YG26 和 YG30 以点笔法为剩余两盆盆栽植物着色。

步骤12 根据受光规律，用马克笔 BG107 为建筑玻璃窗上的暗部、投影等重色着色，增强玻璃窗的立体感。

步骤13 用马克笔 BG107 以细笔触为建筑玻璃幕墙上的分格线着色，注意玻璃反光部分的窗格不勾线。

步骤14 处理水池岸线。用马克笔 BG107 以中宽笔触画出水岸在水池面上的投影，再用马克笔 NG280 以中宽笔触画出水池左岸的立面厚度。水池左岸的石材座椅暗部用马克笔 BG107 着色，反光部分适当留白。

步骤15 用马克笔 PG38 为建筑玻璃幕墙暗部的反光部分着色。

步骤16 加强建筑投影效果。用马克笔 GG64 画出红框区域内木饰面体块在其后墙面的投影，再用马克笔 GG66 顺着墙面投影的形状，画出玻璃上的投影。用马克笔 PG41 画出右侧建筑和座椅在木栈道上的投影，同时用该笔画出木质座椅侧立面的斜角投影。最后，用马克笔 NG282 加强右侧建筑墙体的明暗交界线和地面投影区域颜色最深的部分（包括红框区域内的地面投影）。

步骤17 按照受光规律，先用马克笔 YG264 画出左侧植物在草地上的投影，再用马克笔 YG266 为较近处的投影叠加重色，并用点笔法向远处的投影过渡。最后，用马克笔 YG266 以点笔法加重左侧植物的暗部。

步骤 18 按照受光规律，先用马克笔 YG266 以竖向排笔法，加强各个水岸的明暗交界线、暗部，灵活利用细笔触做好与反光部分的颜色过渡，进而使水岸线稳定且富有层次。

步骤 19 用马克笔 BG107 以横向笔触加强水面倒影颜色最深的部分，丰富水体层次。注意，为了使重色笔触不至于将画面画乱、画碎，重色尽量往画面右下角背光处集中，其他区域点到为止。

步骤 20 用百乐牌草图笔，画出左侧植物的树枝。

步骤 21 先用马克笔 YG262 为建筑挑檐底部的装饰构件着色，再用百乐牌草图笔以点笔法，加重装饰构件底面颜色最深的区域的颜色。

步骤 22 根据受光关系，用修正液提亮画面各硬质物体的高光部分，包括建筑墙体转角处的高光部分、各水岸平台面的高光部分、建筑玻璃幕墙分格线附近的高光部分等。注意，该画面中有较多长直线，可用直尺辅助修正液画出笔直的高光线。

步骤 23 根据受光关系，用修正液提亮画面各自然景观的高光部分，包括树枝、树干、树冠边缘、草皮边缘、水面等。注意，用笔尽量随意，高光笔触要少而精。

步骤24 调整画面，完成最终效果图。

5.3 快题风格现代建筑马克笔手绘

1. 实景照片分析

　　本照片中的建筑为某展馆建筑，该场景以建筑为主体，其体量相对较大，配景体量相对较小，构图有着强烈的透视感。

2. 构图分析

　　该照片中的建筑以长方体造型为主，透视规律为建筑手绘图中典型的平视角两点透视规律。由于建筑较高，视平线位置会相对较低。另外，照片中地面占据较大的构图面积，在手绘表现中效果不佳，因为地面太大，会使画面显得单调、空洞。经分析，本照片视平线为红色线，灭点为蓝色圆点，为表现出建筑右上角的视觉冲击力，两灭点均设置在画面内。另外，建筑的配色偏灰，可以采用当前建筑快题中比较流行的"灰色调配色法"。最后，该照片的光源在画面右侧，建筑主立面逆光，不利于展示效果，因此在手绘中，我们可以主观地将光源调整至画面的左上角。

3. 绘制线稿

步骤 01 建议选用 A4 版幅手绘纸。为了减少地面的面积，可在纸面靠下约 1/4 处，用铅笔定位视平线，该图为两点透视，两灭点 O 和 O' 位置如图。之后，在画面左右两侧留出一定的边框空白，用铅笔以短竖线标记。

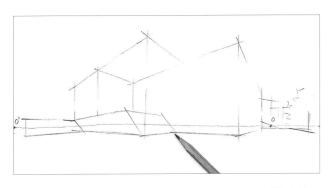

步骤 02 根据两点透视规律，用铅笔按照比例画出建筑主体和配景的轮廓，注意应该先画建筑落地部分，再确定高度，绘制整体造型。

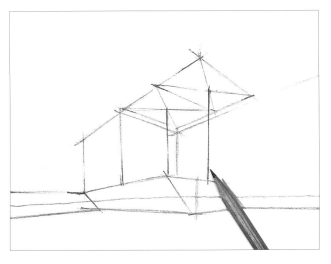

步骤 03 开始绘制建筑主入口的"伞形结构"。按照两点透视规律，用铅笔先画出"伞形结构"顶面，再通过对角线相交确定每个顶面底边的中点，最后从中点出发，画出"伞"的中轴线。

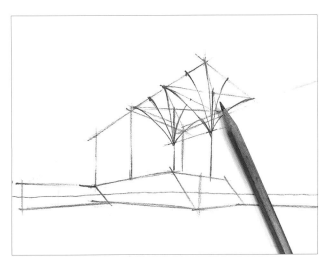

步骤 04 继续绘制建筑主入口的"伞形结构"。在步骤 03 的基础上，用铅笔标注"伞形结构"顶面各边中点位置，然后在"伞形结构"的中轴线靠上 1/2 处截取端点，最后用弧线将"伞形结构"顶面各边的角点、各边中点，分别与中轴线上的端点连接，形成"伞骨"的基本构造。

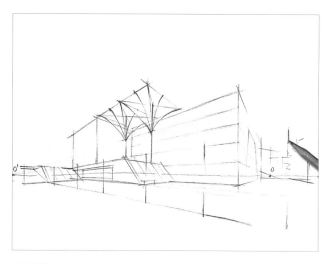

步骤 05 细化场景结构关系。根据两点透视规律用铅笔在建筑各立面上分别画出主要结构线和分层线，再画出地面广场灯的位置线。

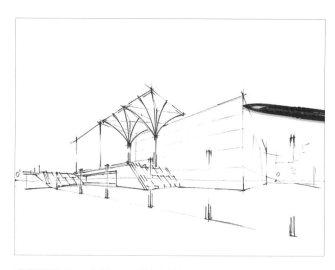

步骤 06 用三菱牌 0.5 型签字笔按照由近及远的顺序，以"断线法"画出场景中建筑与配景的主要轮廓线。

步骤 07 用三菱牌 0.5 型签字笔按照由近及远的顺序，深入刻画建筑正立面的窗户轮廓及侧立面入口的结构。

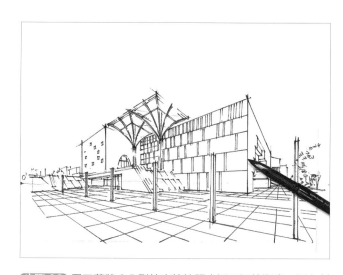

步骤 08 用三菱牌 0.5 型签字笔按照由近及远的顺序，深入刻画建筑和配景中未完成的结构线，然后用"修线法"画出建筑、广场灯、广场地铺的主要结构线。注意广场地铺的结构线必须与灭点正确连接，确保透视关系准确。

步骤 09 换用白雪牌中性笔，深入刻画建筑主入口的"伞形结构"。

步骤 10 用白雪牌中性笔，深入刻画室外电梯、楼梯的具体结构和室外平台的墙面肌理。

步骤11 设置光源在画面的左上角。用白雪牌中性笔，以排线法画出场景中建筑与配景的暗部和投影。

步骤12 根据受光规律，用马克笔191的细笔触，按照由近及远的顺序，加重场景中广场灯、"伞形结构"、门窗、立柱的暗部和投影颜色的最深处。

步骤13 用三菱牌0.5型签字笔，根据画面的平衡与对比关系，主观地加入简笔人物，并画出人物的投影。注意，人物的头必须"顶住"视平线，同时根据光源方向绘制人物投影，人物保持近大远小的透视感。

步骤14 调整画面，本图线稿阶段完成。

4. 马克笔着色

步骤 01 本图计划采用当前建筑快题中比较流行的"灰色调配色法"着色，画面以各种较低纯度的灰色组成，形成更具内涵的"高级灰"色调表现图。开始进行天空的渲染，用马克笔 BG85以搓笔法为天空与建筑、背景树之间的夹角着色。

步骤 02 完成天空的渲染。用马克笔 BG85以搓点结合法，灵活、生动地晕染天空效果。

步骤 03 初步为建筑立面着色。根据受光规律，用马克笔 182以扫笔法为主体建筑的受光面着色，再用马克笔 YG264以竖向排笔法为其背光面着色，反光部分适当留白。然后，用马克笔 PG38以扫笔法为室外平台的受光面及与平台相连的一条广场地面铺装带着色。

步骤 04 用马克笔 NG278以斜向排笔法为广场的地面铺装着色。

步骤 05 为画面左侧的远景着色。用马克笔 182为远处平台的坡道着色，用马克笔 PG38为坡道右侧的挡土墙受光面着色，挡土墙背光面用马克笔 PG40着色，平台的阶梯用马克笔 PG39着色，阶梯护栏用马克笔 NG279着色。平台后方的建筑选用马克笔 GG63和 GG64着色，其周边的远景植物选用马克笔 PG40和 PG41着色。

提示

在灰色调建筑手绘图中，植物的颜色可以选择暖灰色系，远景部分的色彩对比要尽量弱。

步骤 06 为建筑右侧的入口着色。用马克笔 BG86 和 BG88 为建筑右侧入口处玻璃幕墙的立面和顶面着色，用马克笔 182 和 YG264 为该入口墙面的立面和顶面着色，用马克笔 GG64 为该入口墙面上的投影着色。

步骤 07 为建筑右侧的配景着色。用马克笔 YG262 和 BG86 分别为主体建筑后方的建筑墙面和玻璃幕墙受光面着色，用马克笔 GG66 为主体建筑后方的建筑墙面和玻璃幕墙的投影着色。再用马克笔 PG40 和 PG42 为建筑右侧的配景植物着色，用马克笔 PG41 为建筑后方的背景植物着色。

步骤 08 用马克笔 BG107 为建筑主立面窗洞口玻璃上的投影着色。

步骤 09 用马克笔 BG84 为建筑主入口玻璃幕墙和室外平台的玻璃护栏着色，用马克笔 BG86 为室外平台下方空间中的玻璃门窗着色，用马克笔 BG107 为建筑主入口玻璃幕墙的暗部和投影，以及主入口右侧墙面中圆弧形入口的玻璃着色，继续用该笔为室外平台下方空间玻璃门窗上的投影着色。选用马克笔 PG39 为室外平台背光部的墙面斜坡和楼梯着色，用马克笔 PG40 和 PG41 为室外电梯的扶手着色，用马克笔 PG41 加重部分较低层次楼梯的立面颜色，增强较近处楼梯的对比效果，增加楼梯的空间层次。

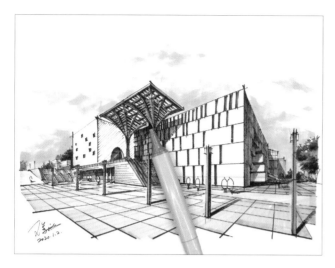

步骤10 根据受光规律，用马克笔 RV130 为建筑主入口前"伞形结构"和广场灯立柱的受光面着色。

步骤11 根据受光规律，用马克笔 E169 为建筑主入口前"伞形结构"的暗部着色，再用马克笔 E133 为"伞形结构"木梁的底面着色。用马克笔 PG40 为广场灯立柱的背光面着色。

步骤12 根据受光规律，用马克笔 R142 为建筑主入口侧面的墙着色，用马克笔 E132 为该墙面半圆形入口的侧立面着色。

步骤13 用马克笔 NG279 的细笔触勾勒广场的分格线，尽量控制笔触，使其紧贴分格线的左侧和下方，体现广场砖的厚度。注意，该环节可用直尺辅助画线。

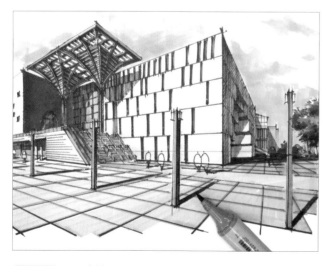

步骤14 用马克笔 NG280 为广场地面上的广场灯投影着色。

步骤15 用马克笔 Y3 为广场灯的灯具着色，再灵活选用多种颜色为场景中人物的服饰着色。

步骤16 根据受光规律，用直尺辅助修正液提亮广场砖的高光部分。注意，尽量控制高光线，使其紧贴分格线的右侧和上方，切勿破坏分格线。

步骤17 根据受光规律，用三菱牌高光笔提亮"伞形结构"、玻璃幕墙分格线、玻璃窗、广场灯灯柱亮部的高光部分。

步骤18 用直尺辅助马克笔 YG266，以竖向中宽笔触加强建筑右侧立面的明暗交界线，并变换笔触宽度与该面暗部自然过渡。

步骤19 调整画面，完成最终效果图。

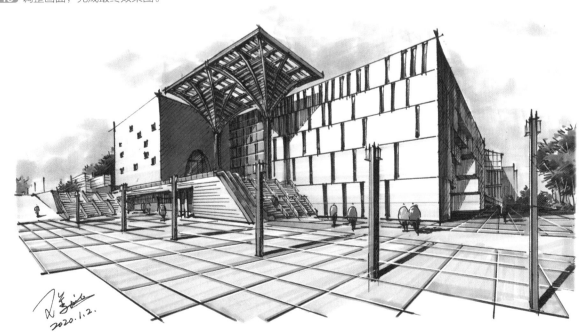

5.4 欧式古典建筑马克笔手绘

1. 实景照片分析

　　本照片中的广场外部用各种瓷砖镶嵌而成，气势不凡，别具一格。该场景的马克笔手绘，重点在于表现主体建筑横与竖两个维度的比例关系，以及欧式古典建筑的繁复之美、细节之美。建筑的色彩方面，主色调比较明确，但需在统一中寻求变化。另外，本场景为两点透视，但回廊为弧形，所以这部分建筑的透视关系不能完全按照两点透视绘制，但必须以两点透视的主要线条为参照。

2. 构图分析

　　该照片应参照建筑塔楼部分的两点透视规律起稿，由于建筑较高，所以视平线位置会相对较低。另外，面对古典建筑复杂的结构与装饰，需抓住其主要的比例和结构关系，对于装饰应适当概括，表现出其丰富感即可，不要过多地纠结细节。经分析，本照片视平线为红色线，灭点为蓝色圆点。另外，为了更好表现大面积天空的细微变化，本部分将采用"色粉揉擦法"。

3. 绘制线稿

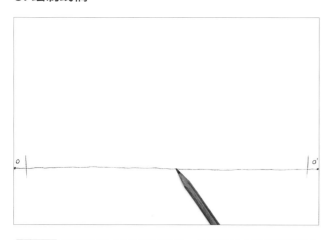

步骤01 建议选用 A4 版幅手绘纸。参照照片中建筑塔楼部分的透视关系，在纸面靠下约 1/3 处，用铅笔定位视平线。图为两点透视，两灭点 O 和 O′ 位置如图。之后，在画面左右两侧留出一定的边框空白，用铅笔以短竖线标记。

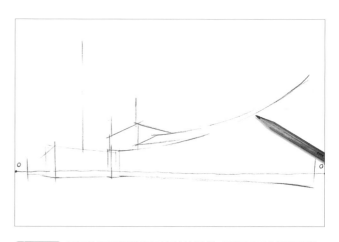

步骤02 用铅笔画出塔楼和回廊的接地线，再根据两点透视规律，画出塔楼底座部分和回廊整体的轮廓，然后画出塔楼的中轴线。注意，弧形回廊轮廓线的弯曲方向与视平线的关系为：视平线以上的弧线向下方弯曲，视平线以下的弧线略微向上方弯曲；距视平线越远，弯曲的弧度越大，距视平线越近，弯曲的弧度越小。

步骤 03 根据两点透视规律，用铅笔画出建筑塔楼体块轮廓，并用垂线和弧线分别画出塔楼和回廊的主要结构层次。最后画出塔楼左侧配景的轮廓与结构。

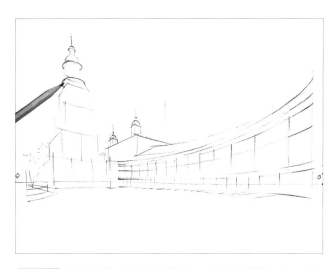

步骤 04 按照近大远小的透视规律，用铅笔以垂线画出回廊立柱单元的分格线，以及回廊下方墙角装饰单元的分格线。再参照照片，画出塔楼及其右侧配楼的穹顶造型。

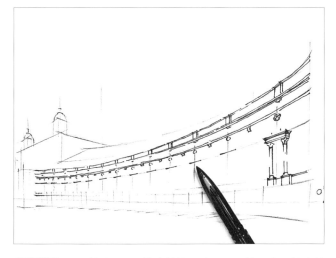

步骤 05 用三菱牌 0.5 型签字笔按照由近及远的顺序，从建筑回廊的顶部画起。注意，参照立柱单元的分格线，画出每组立柱单元顶部的小装饰结构。

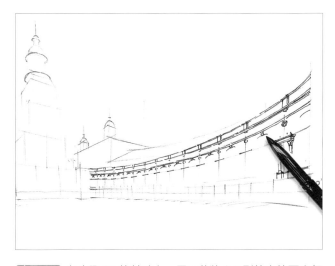

步骤 06 在步骤 05 的基础上，用三菱牌 0.5 型签字笔画出每组回廊立柱单元拱形门洞的洞口顶部弧线。

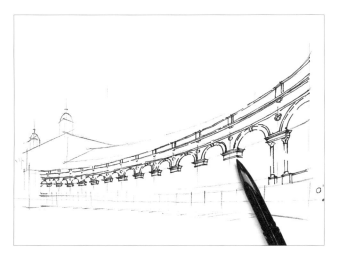

步骤 07 在步骤 06 的基础上，用三菱牌 0.5 型签字笔继续绘制立柱单元拱形门洞的洞口弧线，按照透视关系，进一步完成门洞结构。注意，应体现近大远小的体量变化和近繁远简的虚实变化。

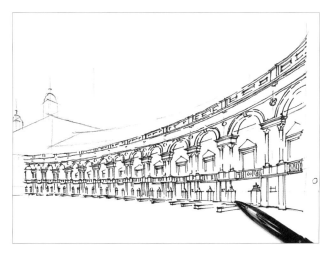

步骤 08 用三菱牌 0.5 型签字笔完成柱廊及其下方墙角处装饰单元的结构。注意，本图的装饰结构基本属于单元复制型，只需细致研究标准单元的结构关系，然后由近向远逐渐绘制，保持画面线条的丰富感。

步骤 09 参照照片，用三菱牌 0.5 型签字笔绘制建筑塔楼的结构与装饰。注意，每一条线都在刻画结构，刻画结构时要注意线条的疏密关系。

步骤 10 参照照片，用三菱牌 0.5 型签字笔绘制建筑回廊的顶部结构，再画出塔楼右侧配楼和左侧配景的结构。

步骤 11 换用白雪牌中性笔，画出广场铺装的分格线。注意，绘制本图都是徒手画线，因此绘制铺装分格线也要徒手画线，另外，铺装的水平方向线条可连接右侧灭点，与塔楼正立面接地线的方向保持一致；铺装进深方向的线条需与右侧回廊墙面接地线和左侧配景地面铺装边缘线的方向保持一致。为此可在画面偏左约 1/3 处的视平线上单独设置灭点，拟定其透视规律，参见范图中深蓝色圆点。

步骤 12 设置光源在画面右上角。用白雪牌中性笔，以排线画出建筑的暗部和投影。注意建筑内部的颜色要暗于外部颜色，需要以排线区分。

步骤 13 根据受光规律，用马克笔 191 按照由近及远的顺序，加重场景中建筑门窗洞口和回廊内部吊顶颜色的最深处。调整画面，本图线稿阶段完成。

4. 马克笔着色

步骤 01 本图采用"色粉揉擦法"进行天空的渲染。先选用一根蓝色的色粉笔，以搓笔法画出云隙间露出的天空颜色。再选用一根紫色的色粉笔，以搓笔法画出建筑轮廓外侧夹角部分的天空颜色，然后逐渐向上运笔，使紫色与蓝色逐渐靠近。注意，此步骤涂色时一定要有足够的留白，为后续表现云朵留出空间。

步骤 02 将一张干净的餐巾纸，对折两次后形成纸擦，用其轻轻地揉擦之前所涂的色粉，使其逐渐晕染。经揉擦后，天空的颜色变得分外柔和，初具效果。

步骤 03 用橡皮揉擦色粉可减淡颜色，进而形成云朵效果，配合之前的留白，用橡皮调整出具有连续而活泼效果的云朵。

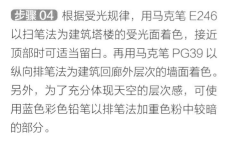

步骤 04 根据受光规律，用马克笔 E246 以扫笔法为建筑塔楼的受光面着色，接近顶部时可适当留白。再用马克笔 PG39 以纵向排笔法为建筑回廊外层次的墙面着色。另外，为了充分体现天空的层次感，可使用蓝色彩色铅笔以排笔法加重色粉中较暗的部分。

步骤 05 用土黄彩色色铅笔以排笔法加强色粉与留白之间的层次过渡，用马克笔 GG64 为远处建筑回廊内部的墙面着色。

步骤 06 根据受光规律，用马克笔 PG40 为建筑塔楼和塔楼右侧配楼的背光墙面着色。再用该马克笔为塔楼右侧配楼的坡屋顶和建筑塔楼正立面的装饰构件投影着色。最后用马克笔 182 为塔楼右侧配楼墙面的受光面着色。

步骤 07 根据受光规律，用马克笔 GG64 为建筑塔楼暗部的反光部分及其底座内部的墙面着色，再用马克笔 GG64 和 BG86 为建筑塔楼和塔楼右侧配楼的穹顶和装饰带着色。注意穹顶的亮部尽量留白，切勿平涂。

步骤 08 根据受光规律，用马克笔 YG264 为近处建筑回廊内部的墙面着色，再用马克笔 BG86 为回廊后方的建筑坡屋顶着色。注意为立柱留白。

步骤 09 用马克笔 BG86 为建筑回廊外墙的装饰面和立柱着色，然后用马克笔 BG88 为建筑回廊下方墙角装饰结构的暗部着色，再用马克笔 183 和 YG264 加重立柱单元拱形门洞侧面的颜色，体现其立体感。最后用马克笔 YG264 为回廊尽头连接墙面上的斜角投影（塔楼右下角）着色。

步骤 10 用马克笔 V125 以宽笔触排笔法为广场的地面铺装着色，注意沿着地面铺装分格线的水平方向排笔，由近至远，临近建筑塔楼地面的部分适当留白。

步骤 11 在步骤 10 的基础上，用马克笔 GG64 以扫笔法为临近建筑塔楼地面的留白部分着色。通过冷暖对比，体现广场地面的延伸感。

步骤 12 先用马克笔 PG41 为建筑回廊的地面投影着色，并用该马克笔以细笔触再勾勒一遍广场地砖的分格线。然后用马克笔 YG266 加强投影区域距观者较近区域（画面右下角）的重色，注意最前端的地面铺装要变换笔触进行收尾。

步骤13 根据受光规律，用马克笔 YG30 和 YG37 为画面左侧的中景树着色，然后用马克笔 182 为树下围栏和围栏周边的地面铺装着色，再用马克笔 PG40 和 GG64 为围栏及其周边地面铺装的暗部着色。接下来为背景树着色，用马克笔 GG66 为背景树着色，用马克笔 NG280 为塔楼后方及塔楼与右侧配楼中间的背景树着色，加灰、加深背景可以更好地突出中景。

步骤14 用马克笔 BG107 以细笔触，画出建筑回廊外墙蓝色装饰面上的蓝色装饰线条，注意近繁远简。再用马克笔 BG88 以竖向细笔触加重立柱的最暗面颜色，体现立柱的立体感。

步骤15 用马克笔 Y5、YG30、E133 以细笔触，绘制建筑回廊外墙下部墙面的装饰，注意近繁远简。

步骤16 根据受光规律，用三菱牌高光笔，绘制广场地砖分格线的高光部分。

步骤17 根据受光规律，用三菱牌高光笔提亮中景树的树冠、枝干及建筑塔楼的高光部分。

步骤 18 深入刻画云朵，使其更形象。在天空中用修正液按照云朵的外边缘形态勾画弧线。注意要适当多挤出一些修正液，之后迅速进行下一步操作。

步骤 19 在步骤 18 的基础上，不等修正液干透马上用手指按照云朵的边缘弧线进行揉擦，取得云朵外边白亮，颜色往内部逐渐融合的过渡效果。注意，应该反复进行步骤 18 和步骤 19 的操作，用修正液勾画完一朵云就用手指揉擦一下，避免修正液在未揉擦前就干掉。

步骤 20 用彩色铅笔调整画面关系，完成最终效果图。

5.5 欧式休闲建筑马克笔手绘

1. 实景照片分析

本照片中的场景为群体欧式建筑，辅以自然景观，具有休闲小镇清新、惬意的风格。

2. 构图分析

该照片中建筑和景观朝向较多，从主体建筑的透视关系来看，总体上为两点透视。经分析，视平线应略高于护栏（见图中红色水平线），建筑最强转角线处的夹角较大，因此可以断定两灭点距离较远，应该在视平线延伸出画面以外的位置上（见图中 O_1、O_2）。另外，通往小镇的桥，体量较大，构图作用非常重要，然而其朝向与建筑的朝向并不一致，因此两点透视规律无法约束该桥。为了让其透视关系更准确，我们可在视平线上为该桥单独设置一个灭点（图中黄色圆点 O_3）。该画面光源在左上角，但主体建筑受光面被投影遮挡较为严重，为了表现更为强烈的光感，在进行马克笔手绘时需对建筑上的投影面积重新进行设计。另外，该照片色彩清新、空间层次丰富，在用马克笔着色之前，应在色彩搭配方面多加思考。

3. 绘制线稿

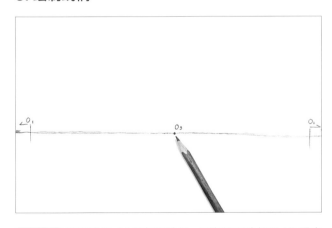

步骤 01 建议选用 A4 版幅手绘纸。可在纸面略低于 1/2 垂直高度的地方，用铅笔定位视平线，该图为两点透视，两灭点 O_1 和 O_2 定位在画面外，做到心里有数即可。参照照片，在视平线水平方向的正中略偏右位置上，标记桥的专属灭点 O_3。然后，在画面左右两侧留出一定的边框空白，用铅笔以短竖线标记。

步骤 02 根据两点透视规律，用铅笔按照比例画出建筑主体和前景地面的轮廓，参照灭点 O_3 画出桥的轮廓，最后勾勒出画面左侧植物的轮廓。注意，画图前应通过目测将群体建筑化零为整，提炼其边界的总体轮廓，将这一轮廓以恰当的比例绘制于画面中适合的位置。

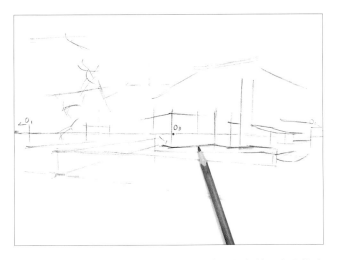

步骤03 在步骤02的基础上，根据两点透视规律，在主体建筑群的大轮廓内，用铅笔按比例分割前排建筑的体块关系。注意应该先画建筑落地部分，再确定高度，绘制其造型。

步骤04 开始绘制照片中红墙尖顶二层建筑的屋面。根据两点透视规律，先用铅笔画出该建筑屋顶平面的长方形透视图（该面是不可见的，但为了获取较为准确的屋面顶点，有必要画出），然后从内部靠墙边线的中点处引垂线。

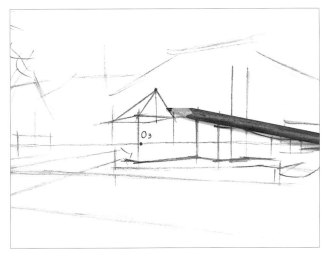

步骤05 继续绘制照片中红墙尖顶二层建筑的屋面。在步骤04画出的垂线上，用铅笔截取适合的屋顶高度，截取的端点即为该建筑尖顶的顶点。然后，将屋顶平面各端点与该顶点连接，构成尖顶屋面。

步骤06 开始绘制欧式山墙。步骤05绘制的建筑紧贴着一堵欧式山墙，该山墙呈对称型。在起稿时，首先用铅笔引出中轴线，然后按照近大远小的规律，以短直线按比例画出该山墙水平与垂直方向各结构的边界。

步骤07 在步骤06的基础上，按照两点透视规律，用铅笔绘制山墙的造型，再进一步画出其后建筑的屋面。

步骤08 按照两点透视规律，用铅笔绘制画面右侧群体建筑的主要外形结构。

步骤 09 按照两点透视规律，用铅笔绘制画面中所有事物的主要外形结构。注意在前景护栏和桥的护栏上，要按比例标记出立柱的位置。

步骤 10 根据透视规律，用三菱牌 0.5 型签字笔按照由近及远的顺序，绘制前景和桥的各部分结构。

步骤 11 根据透视规律，用三菱牌 0.5 型签字笔按照由近及远的顺序，绘制中景部分群体建筑和植物的主要外形结构。

步骤 12 根据透视规律，用白雪牌中性笔按照由近及远的顺序，画出主体建筑群的门窗结构和周边配景。

步骤 13 根据透视规律，用白雪牌中性笔绘制图中所有建筑的门窗结构及画面左侧标识牌中的图案。注意近繁远简，体现前后空间关系。

步骤 14 将光源设置在画面的左上角。根据透视规律，用白雪牌中性笔以排线法画出所有建筑的屋面肌理。注意，排线要参照照片的方向排列，并且线与线之间要留有足够距离，另外，按照受光规律，屋面亮部的排线应适当断线，为高光区域留白。

步骤15 根据透视规律，用白雪牌中性笔画出前景地面铺装和桥面的木材分格线。注意，前景地面铺装线条应有疏密变化。

步骤16 用白雪牌中性笔以斜向短线排出左侧中景植物的层次关系。注意，中景植物呈逆光效果，树叶密集处排线密，边缘的高光部分适当留白。再用圈线法，画出前景护栏之后的两棵球形低矮植物。最后，画出桥墩的纹理。

步骤17 根据受光规律，用白雪牌中性笔，以排线加重建筑暗部与河水水面颜色，再画出画面右侧河水护岸的砖石肌理，最后画出中景建筑周边的重色植物。注意，为河水水面排线时，线条疏密要适中，并为前景护栏留白，以示衬托。

步骤18 根据受光规律，用白雪牌中性笔，以排线画出建筑墙面和水岸立面上的投影。

步骤19 根据受光规律，用百乐牌草图笔，加重围栏的暗部颜色。

步骤20 根据受光规律，用百乐牌草图笔，画出左侧植物的枝干，再为建筑群的门窗洞口颜色最深处点缀重色。

步骤21 调整画面，本图线稿阶段完成。

4. 马克笔着色

步骤01 开始进行天空的渲染。本图使用平涂提框法表现天空，先用马克笔 B240 以排笔法从左到右排满天空的上半部分，再以扫笔法绘制出天空的下半部分，天空下半部分中间的区域利用扫笔笔触留白。最后用该马克笔，为右下角的水面着色，以示水面对天空的反射。注意画面上、左、右 3 个方向的收边要整齐。

步骤02 用马克笔 Y1 以扫笔法为天空留白的区域补色。根据受光规律，再用马克笔 182 以扫笔法画出红框区域建筑的受光面，然后用马克笔 183 画出这些建筑的背光面。

步骤 03 用马克笔 182 为桥墩的亮部着色，用马克笔 183 和 GG64 分别为桥墩的暗部、投影着色。然后用马克笔 NG278 以搓笔法为前景地面的石板着色，最后用马克笔 GG63 以搓笔法为远山着色。注意，严格根据受光规律着色，亮部与高光部分适当留白。

步骤 04 为水岸着色。用马克笔 NG278 和 NG279 为长条状的水岸着色，再用马克笔 YG262 和 GG64 为右边的弧形水岸着色，注意高光部分适当留白。

步骤 05 为前景地面着色。用马克笔 NG279 加重前景地面石板的暗部颜色，再用马克笔 PG39 为石板周边的土地着色。

步骤 06 为水面着色。用马克笔 BG62 以横向扫笔法为水面主体着色，再用马克笔 BG106 为水面与水岸的衔接处加重颜色。

步骤 07 根据受光规律，用马克笔 R143 以扫笔法为照片中红色建筑的亮面着色，再用马克笔 R144 以排笔法为该建筑的暗面着色。

步骤 08 根据受光规律，用马克笔 E172 和 E174 为画面中红框区域内的建筑屋顶和山墙亮面着色，再用马克笔 RV130 以排笔法为红框区域内建筑屋顶的暗面和后方建筑屋顶的亮部着色。

步骤 09 根据受光规律，用马克笔 YG262 为照片中左侧淡黄色墙面建筑的屋顶受光面着色，再用马克笔 PG40 和 PG41 为该屋顶的暗部和反光部分着色；用马克笔 YG264 和 NG279 为照片中后方建筑中深灰色屋顶的受光面着色，再用马克笔 YG266 为这些屋顶的暗部和投影着色；用马克笔 PG41 为中后方偏棕色建筑屋顶的背光面着色；用马克笔 182、183、GG64、PG39 分别为后方建筑的墙面着色，再用马克笔 PG40、BG88、NG279 为这些建筑在墙面上的投影着色；最后对于远处的尖顶塔楼，使用马克笔 182、PG39、PG40 分别画出其墙面、投影、暗部的颜色。

步骤 10 根据受光规律，用马克笔 GG64 为左侧建筑淡黄墙面的投影着色，用马克笔 YG264 为右侧建筑淡黄墙面的投影着色，用马克笔 PG40 和 PG41 为右侧建筑棕色屋面上的投影着色。

步骤 11 根据受光规律，用马克笔 YG26 为照片中右侧建筑的墙面着色，用马克笔 BG86 为右侧建筑入口处的屋棚、墙面上的广告、建筑的墙面装饰带着色，用马克笔 NG279 为右侧建筑入口处屋棚顶部的投影着色，用马克笔 E168 和 E169 为屋棚下的木质桌椅着色，用马克笔 PG40 为中景建筑群的地面着色。

步骤 12 为木质围栏着色。根据受光规律，用马克笔 E168 为木质围栏的受光部和桥面木板着色，用马克笔 E169 为木质围栏的背光部着色，亮部适当留白。

步骤13 用马克笔 BG107 以点笔法为建筑窗户的留白处着色，用马克笔 BV192 为红色建筑下方的遮阳伞着色。

步骤14 根据受光规律，用马克笔 GY44、G61、G58 为左侧植物大面积着色；用马克笔 GY44、G61 为前景木质围栏后及河对岸的地被植物着色；用马克笔 G58 为前景木质围栏后的球状低矮植物的绿叶部分着色，花朵部分留白；用马克笔 G58 为中景建筑群周边的绿植着色；用马克笔 E169 为画面右侧红框内的木质造型着色。

步骤15 用马克笔 PG42，为左侧植物树冠暗部反光区域着色，丰富色彩层次。

步骤16 根据受光规律，用马克笔 BG92 和 NG279 为桥头的标牌着色；用马克笔 RV216 和 R144 为前景木质围栏后的球状低矮植物的花朵部分着色；用马克笔 E169，为右侧建筑中比较靠前的棕色屋面暗部着色，增强纯度和明度对比，体现空间关系。

步骤 17 根据受光规律，用派通牌修正液为木质围栏、左侧植物的枝干、建筑的高光部分提亮。

步骤 18 根据受光规律，用白色彩色铅笔配合三菱牌高光笔，在左侧植物的底色上绘制穿过树荫的光线。

步骤 19 根据受光规律，用柠檬黄色彩色铅笔绘制建筑和水面较亮处的颜色，以示对天空中淡黄色光线的反射。

步骤 20 先用中黄彩色铅笔为接近建筑天际线的天空下方区域局部罩染颜色，为天空增加暖色。然后用深紫色和深蓝色彩色铅笔，以排笔法为画面左下角石板路铺色，使该部分适当变暗，以示树荫在地面上的投影。

步骤 21 调整画面，完成最终效果图。

5.6　当代文艺建筑马克笔手绘

1. 实景照片分析

　　本照片中的主体建筑风格传统，体现浓厚的巴渝文化氛围，同时保留了老剧院的一些元素。艺术中心的大楼主体为红色，像一团燃烧的"篝火"。该场景以文艺建筑为主体，造型新颖、复杂，配景种类繁多，色彩丰富，画面中商业氛围浓厚。

2. 构图分析

　　该照片中的建筑结构看似复杂，实则有规律可循，该场景体现出热闹的商业氛围，因此在进行马克笔手绘之前，要对画面内容的主次关系、色调的统一性等隐性问题予以整体考虑，做到意在笔前。该图为两点透视，视平线为红色线，两灭点（O 和 O'）为蓝色圆点，其中 O' 在画面左侧之外。另外该照片光源在画面右侧，使主体建筑呈逆光效果，不利于表现，因此在手绘该画面时，我们将主观地把光源设置在画面左上角。

3. 绘制线稿

步骤 01 建议选择 A4 版幅手绘纸。在纸张靠下约 1/3 处，用铅笔定位视平线，该图为两点透视，灭点 O 参照照片标记即可，O' 在左侧画面之外，做到心中有数。之后，在画面左右两侧留出一定的边框空白，用铅笔以短竖线标记。

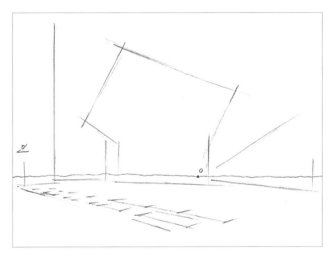

步骤 02 根据两点透视规律，用铅笔先画出主体建筑落地的部分和地平线，再画出前景中成排汽车在地面上的正投影。然后按照比例画出主体建筑的轮廓，用划线标记出配景楼和行道树的边界。

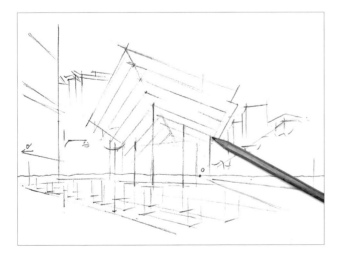

步骤 03 在步骤 02 的基础上，根据两点透视规律，归纳照片中红色悬挑梁的排列规律，用铅笔以斜向直线绘制出来。再进一步用铅笔画出主体建筑的立柱、配景楼和植物的主要轮廓与结构。最后，在前景车辆正投影的基础上，为其确定高度。

步骤 04 根据两点透视规律，在步骤 03 的基础上，用铅笔确定前景车辆的高度，并画出其主要轮廓。

步骤 05 用三菱牌 0.5 型签字笔按照由近及远的顺序，画出前景内容的结构。

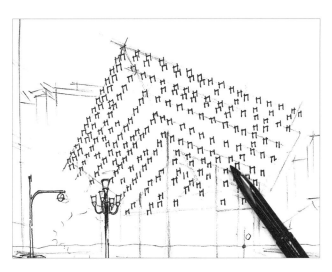

步骤 06 根据透视规律，在主体建筑主结构线的基础上，用三菱牌 0.5 型签字笔确定每根悬挑梁的截面位置。注意，在绘制时，可使少量截面"跳出"结构线。

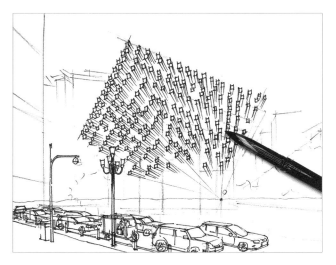

步骤 07 根据两点透视规律，在步骤 06 的基础上，用三菱牌 0.5 型签字笔画出每根悬挑梁的透视结构。

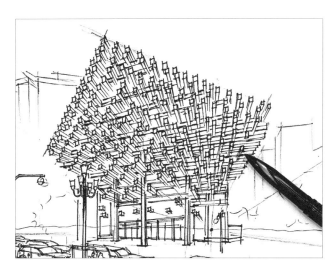

步骤 08 根据两点透视规律，在步骤 07 的基础上，用三菱牌 0.5 型签字笔若隐若现地画出主体建筑顶造型的横梁，最后画出其入口结构。

步骤 09 根据两点透视规律，用三菱牌 0.5 型签字笔完善该图所有配景的结构。

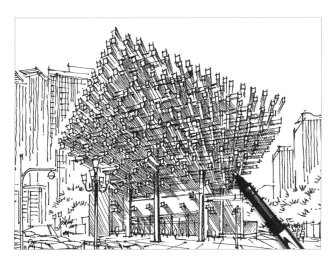

步骤 10 设置光源在画面的左上角。换用白雪牌中性笔，用排线画出主体建筑的暗部和投影关系。

步骤11 按照受光规律，用白雪牌中性笔，用排线画出配景的暗部和投影。注意，由于汽车体量较小，不需用排线画出其明暗关系，只需适当表现其车窗玻璃质感。

步骤12 根据受光规律，用三菱牌0.7型签字笔加重路灯、路障、主体建筑的立柱、建筑门窗框等线性结构的暗部颜色，再用该笔加重配景树枝颜色。

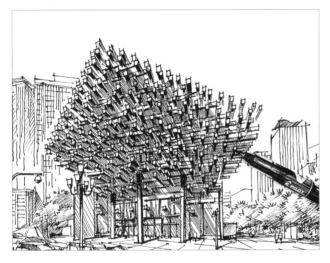

步骤13 根据受光规律，用百乐牌草图笔加重主体建筑顶造型各悬挑梁的底面，以及该建筑立柱上端的投影颜色。

步骤14 根据受光规律，用百乐牌草图笔加重配景植物的暗部颜色，以及汽车车窗玻璃、汽车地面投影颜色最深的位置。

步骤15 根据受光规律，用百乐牌草图笔加重画面中各形体暗部、投影中颜色最深处。调整画面，本图线稿阶段完成。

4. 马克笔着色

步骤 01 本图采用"色粉揉擦法"进行天空的渲染。先选用一根蓝色的色粉笔，以搓笔法画出部分天空的颜色。再选用一根淡黄色的色粉笔，以搓笔法从主体建筑后面的背景画起，逐渐向上运笔，使淡黄色与蓝色靠近。注意，该步骤涂色时一定要有足够的留白，为后续表现云朵留出空间。

步骤 02 用一张干净的餐巾纸，从画面上方开始，逐渐往下轻轻揉擦之前所涂的色粉，使其逐渐晕染。再用橡皮擦拭色粉减淡颜色，配合之前的留白，形成云朵效果。

步骤 03 根据受光规律，用马克笔 PG40 为主体建筑顶造型中部的背光部和投影等较暗、较灰的区域着色；用马克笔 183 为主体建筑顶造型左侧和右下部分的背光部和投影区域着色；用马克笔 BG86 和 183 为主体建筑顶造型左上和右上部分的背光部和投影区域，以及主入口墙面的部分区域着色。

步骤 04 根据受光规律，用马克笔 B240 和 B241 为主体建筑入口的玻璃幕墙着色，用马克笔 NG279 为主体建筑入口左侧的展墙着色。

步骤 05 用马克笔 NG280 以排笔法为画面中的车行路面着色，用马克笔 PG39 以排笔法为主体建筑的周边广场和前景的人行道着色。注意运笔方向要统一，收边笔触要有点、线的变化。

步骤 06 根据受光规律，用马克笔 YG26、YG30、YG37 为画面的中景乔木着色。

步骤 07 根据受光规律，用马克笔 G61 为画面的中景地被植物着色，然后用马克笔 G58 为画面的背景植物着色，再用马克笔 PG40 和 YG264 表达画面右侧植物的树干、树枝颜色。

步骤 08 根据受光规律，用马克笔 BG85 和 BG86 为画面右侧的背景楼着色，再用马克笔 GG63 为画面中的远山着色。注意高光部分适当留白。

步骤 09 按照由上至下的顺序，用马克笔 BG86、E246、PG39、PG40、NG278 为画面左侧的配景楼着色。注意，参考范图的运笔方向和颜色叠加方向，表现玻璃幕墙的反射效果。

步骤 10 按照受光规律，选用马克笔 E246、GG64、PG39 为主体建筑左后方的背景楼着色。

步骤 11 按照受光规律，自选颜色为前景汽车着色，推荐选用马克笔 E246、BG85、RV216、R140、NG279、E132、BV192 等。然后用马克笔 183 为汽车轮毂上的投影着色。再用马克笔 Y3 为路灯着色，用马克笔 BG95 为摄像头着色，用马克笔 GG63 和 GG64 为画面左下角垃圾桶的受光面和背光面着色。最后用马克笔 BV192、E246 和 BG86 等为建筑右侧的装饰板和矮墙着色，注意适当留白。

步骤 12 用马克笔 BG107 为汽车的车窗玻璃着色，再用马克笔 NG280 为主体建筑入口左侧的展墙加重颜色。

步骤 13 按照受光规律，用马克笔 R144 以点笔法为主体建筑顶造型左侧和上边缘部分受光较多的悬挑梁截面着色，用马克笔 R140 以点笔法为主体建筑顶造型中部和右侧受光较少的悬挑梁截面着色。

步骤 14 按照受光规律，用马克笔 R142 为主体建筑顶造型悬挑梁的背光面着色。

步骤 15 用马克笔 BG88 和 PG41 加重主体建筑顶造型悬挑梁与横梁的暗部、投影、结构间隙区域的颜色，注意适当利用颜色的冷暖对比，体现空间深度；然后用马克笔 R148 为建筑右下角接地的装饰带着色；最后用马克笔 BV196 加重建筑右下角接地的墙面，以示其在暗部区域。

步骤 16 用马克笔 Y17 加重画面最前方黄色轿车的固有色和暗部，丰富其层次感，在视觉上增强该车的空间效果。

步骤 17 根据受光规律，用直尺辅助马克笔 PG40，以扫笔法从右下往左上运笔，加重画面右下角广场地面的颜色，平衡画面关系。

步骤 18 用马克笔 BG88 和 NG280 加重画面左侧配景楼的玻璃反射部分，以及底层较暗的颜色。

步骤 19 根据受光规律，选择多种颜色以点笔法为场景中人物的服饰着色，推荐使用马克笔 B242、Y5、R144、R140、BV195 等。

步骤 20 以下步骤为特效步骤，有一定的操作风险，如果对修正液的使用把握得不够纯熟，可不进行步骤 20 ~ 步骤 22 的操作。由于光源在画面左上角，为了活跃画面效果，我们可以设计一束来自左侧配景建筑位置的阳光，斜向照射在主体建筑上。选择适合的角度，用白色彩色铅笔排出光线。

步骤 21 为了加强光线的亮度，在步骤 20 的基础上，用修正液按光照的方向涂抹，最后在靠近左侧配景建筑的区域，适当多挤出一些修正液，之后迅速进行下一步操作。

步骤 22 在步骤 21 的基础上，不等修正液干透，马上用手指按住液体，朝光线照射的方向扫去，使修正液颜色与之前的白色彩色铅笔的颜色逐渐融合，形成较亮的光线效果。

步骤 23 根据受光规律，用三菱牌高光笔为前景的路灯、立柱、路障、汽车，以及主体建筑顶造型、主入口等的各结构提亮高光部分。

步骤 24 根据受光规律，用三菱牌高光笔为画面右侧配景植物的枝干提亮高光部分。

步骤 25 用三菱牌高光笔为画面左侧配景楼的分格线适当提亮高光部分。特别要提亮玻璃幕墙上重色反射区域内的分格线，这样可以更好地表现玻璃质感。

步骤 26 用红色彩色铅笔为主体建筑顶造型受光较多的区域润色，使其产生受到红色悬挑梁色彩影响的反光效果。

2019.12.30

步骤 27 用深蓝色彩色铅笔为主体建筑顶造型中部和右侧区域的背光和投影部分润色，通过冷暖对比，增强建筑的空间感；用深紫色彩色铅笔为画面右下角的广场地面润色，增强颜色对比，丰富色彩层次。调整画面，完成最终效果图。

5.7 现代高层建筑鸟瞰图马克笔手绘

1. 实景照片分析

　　本照片中的建筑场景为鸟瞰视角，主体为高层异形建筑，其体量巨大，配景内容非常丰富。如何将复杂的配景有条理地呈现在画面中，并有效地表现构图的主次关系，是于绘本照片的重点和难点。

2. 构图分析

　　本照片为两点透视的鸟瞰视角，视平线为红色线，灭点 O 为黄色圆点，另一个灭点 O' 在左侧画面之外的视平线上。该照片受背光关系不够明确，为了便于表现，我们可以主观地把光源设置在画面左上角。另外，本照片由于季节原因色调较灰，正好采用当前建筑快题中比较流行的"灰色调配色法"来表现。

3. 绘制线稿

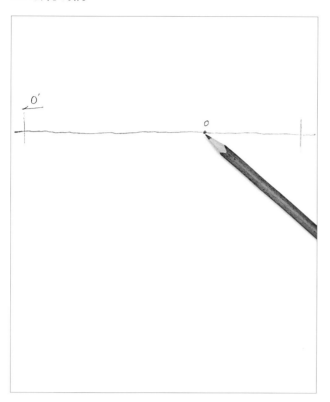

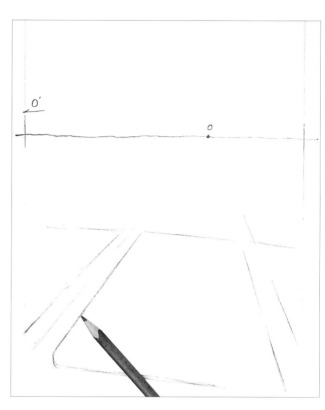

步骤 01 本图选用 A4 版幅手绘纸绘制，为了更方便表达场景中的细微结构，推荐使用 A3 版幅手绘纸绘制此类图。在纸面靠上约 1/3 处，用铅笔定位视平线，该图为两点透视，两灭点 *O* 和 *O′* 参照范图位置标记即可。之后，在画面左右两侧留出一定的边框空白，用铅笔以短竖线标记。

步骤 02 根据两点透视规律，用铅笔画出场地的结构线。注意水平方向连接灭点的结构线不要太斜。

步骤 03 根据两点透视规律，目测场景中主要建筑、绿化的落地正投影，用铅笔在场地的结构线区域内确定其位置并画出轮廓。

步骤 04 根据两点透视规律，用铅笔绘制出主体建筑的轮廓。

步骤 05 用铅笔进一步画出主体建筑的结构线，同时在配景建筑落地正投影的基础上确定其高度。

步骤 06 用铅笔按照比例确定配景建筑的顶平面，绘制造型轮廓。

步骤 07 用白雪牌中性笔，在步骤 06 的基础上，按照由近及远的顺序，画出场景中建筑与配景的主要轮廓线。注意，轮廓线应该使用拖线慢慢勾勒，如线条较长，一笔画不到位，可适当断开，再继续画。

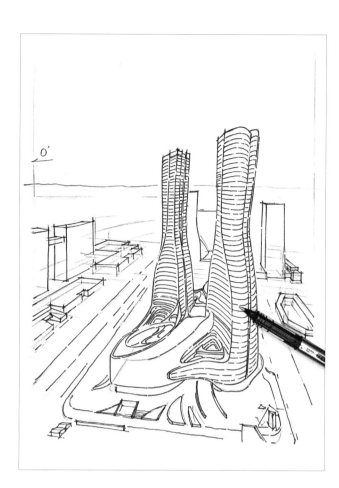

步骤 08 设置光源在画面左上角。根据视平线的位置，参考主体建筑的弧面转折关系，用白雪牌中性笔，画出双塔楼的分层线。

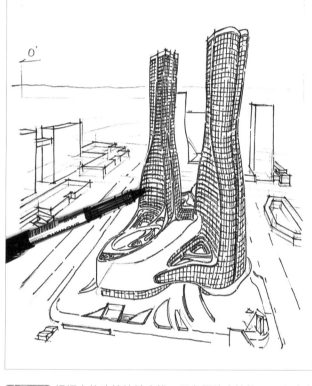

步骤 09 根据主体建筑的轮廓线，用白雪牌中性笔，画出玻璃幕墙的纵向分格线。注意，亮面的高光部分适当断线留白。

步骤 10 用白雪牌中性笔按比例画出行道树和景观树。注意，大型鸟瞰场景中，植物比例相对较小，而且是俯视角度，因此，表现鸟瞰植物多数以球体表示树冠，无须过多绘制树干、树枝。

步骤 11 根据透视关系，用白雪牌中性笔深入刻画左侧配景建筑的细节结构。

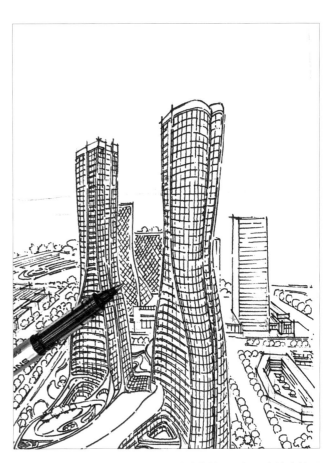

步骤 12 根据透视关系，用白雪牌中性笔深入刻画主体建筑后方的高层建筑和右侧配景建筑的结构。

步骤 13 开始绘制背景建筑群。根据透视关系，用白雪牌中性笔在视平线以下位置画出背景建筑群的正立面。注意，背景建筑都以长方体表示，绘制其正立面时，不要画接地线，后续会另做处理。

步骤 14 继续绘制背景建筑群。根据透视关系，用白雪牌中性笔画出背景建筑的侧立面，其中较近的背景建筑，可画出其较窄的顶平面和分层线。另外，用"云型线"遮挡背景建筑的接地线，以示背景建筑群与绿化带的融合关系。

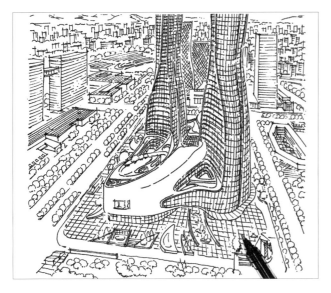

步骤 15 根据透视关系，用白雪牌中性笔画出主体建筑所在广场的地面铺装分格线和景观的细节结构。

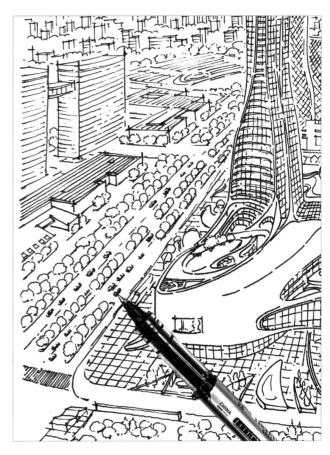

步骤 16 根据透视规律和受光规律，用白雪牌中性笔画出马路上的汽车。

步骤 17 根据受光规律，用白雪牌中性笔以排线法加强主体建筑的背光部。

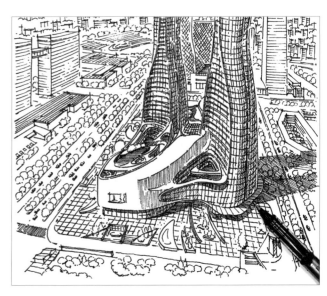

步骤 18 根据受光规律，用白雪牌中性笔以排线法加重主体建筑底部的暗面和投影区域。

步骤 19 根据受光规律，用白雪牌中性笔以排线法加重配景建筑的暗部和投影区域。

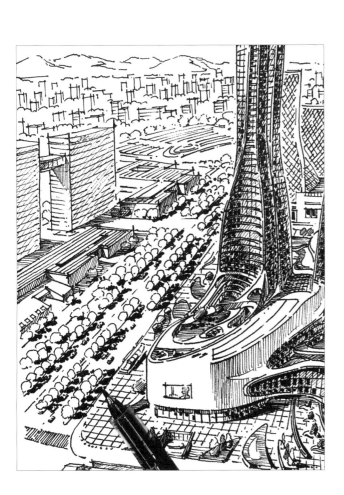

步骤 20 根据受光规律，用百乐牌草图笔以点笔法加重主体建筑玻璃幕墙的暗部区域，增强主体建筑的体量感。

步骤 21 根据受光规律，用百乐牌草图笔以点笔法加重植物的投影，并画出左侧建筑的细节。

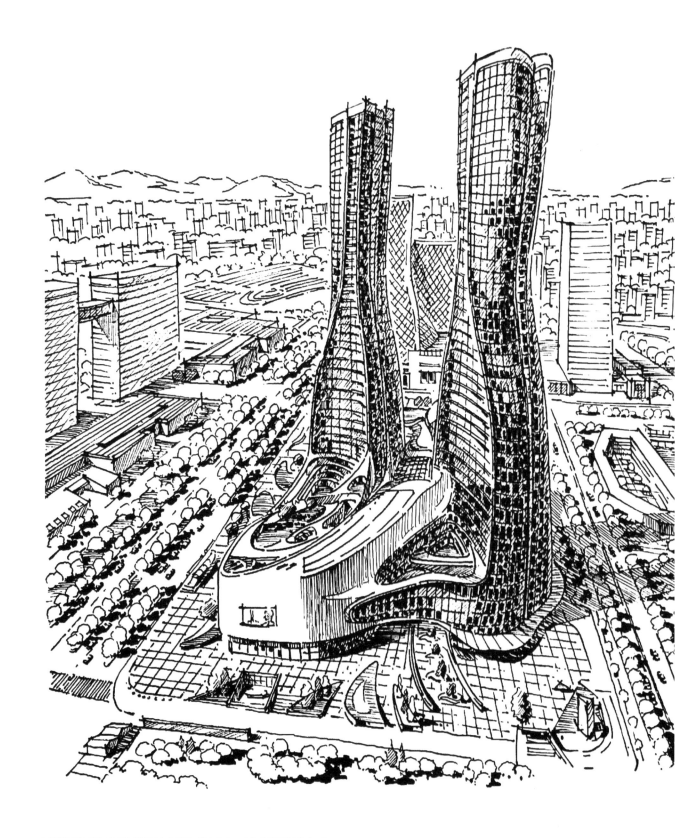

步骤 22 用百乐牌草图笔全面调整画面，本图线稿阶段完成。

4. 马克笔着色

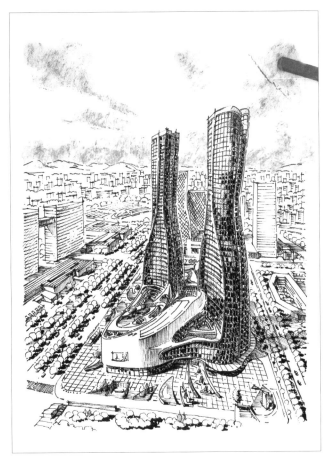

步骤 02 用一张干净的餐巾纸，轻轻地揉擦之前所涂的色粉，使其逐渐晕染。经揉擦后，天空颜色变得分外柔和，初具效果。

步骤 01 本图计划采用当前建筑快题中比较流行的"灰色调配色法"着色。运用"色粉揉擦法"进行天空的渲染，选用紫色和肉粉色的色粉笔，以搓笔法初步涂出天空颜色。注意，该步骤涂色时一定要有足够的留白，为表现云朵留出空间。

步骤 03 用橡皮揉擦减淡色粉颜色，配合之前的留白，形成云朵效果，使天空内容更加丰富。

步骤 04 根据受光规律，用马克笔 BG86 为主体建筑玻璃幕墙的背光部着色。

步骤 05 受天空暖光的影响，主体建筑玻璃幕墙的受光面应产生暖色反光，可用马克笔 E172 为该区域着色。注意，高光部分适当留白。

步骤 06 用马克笔 183 为主体建筑玻璃幕墙的暗部反光区域着色。

步骤 07 根据受光规律，用马克笔 NG278 为主体建筑下方裙楼的墙体着色。在裙楼的玻璃幕墙受光部，可用马克笔 E172 补一些天空的反光色。注意，裙楼墙体曲面变化较多，着色时马克笔要沿着曲面的结构画，亮部要适当留白，重点绘制灰部和暗部颜色。

步骤 08 根据受光规律，用马克笔 NG279 加重裙楼墙体上的投影颜色，用马克笔 BG88 加重塔楼玻璃幕墙上的投影和明暗交界线颜色。

步骤 09 根据受光规律，用马克笔 YG262 为主体建筑后方配楼的立面着色，再用马克笔 NG279 为配楼墙面的投影着色，然后用马克笔 BG86 为配楼间的玻璃幕墙和配楼下的地面景观着色，最后用马克笔 BV192 以扫笔法为塔楼暗部的局部反光部分着色。

步骤 10 为背景着色。根据受光规律，用马克笔 GG63 为背景楼群和远山着色，再用马克笔 PG38 为背景楼群之间的绿化带着色。

步骤 11 根据受光规律，用马克笔 PG38 为前景绿地和广场右下角圆弧形地面着色，用马克笔 PG39 为左侧行道树着色，用马克笔 BG85 为前景绿地左侧的坡顶建筑和地面着色，用马克笔 GG64 为前景绿地和广场之间的道路着色，用马克笔为画面右上角的配景楼着色，用马克笔 182 为主体建筑前的广场着色。

步骤 12 根据受光规律，用马克笔 BG85、BG86 分别为左右两侧玻璃幕墙高层建筑的受光部与背光部着色，左侧玻璃幕墙高层建筑之下的裙楼顶面，可用马克笔 182 着色。

步骤 13 用马克笔 NG279 为马路的路面着色。

步骤 14 用马克笔 PG40 为画面前景区域和中景区域的景观树、行道树着色。

步骤 15 根据受光规律，用马克笔 BG88 为左侧配楼空中连廊的暗部着色，用马克笔 NG279 为该楼墙面上空中连廊的投影着色，用马克笔 183、PG40 和 YG264 为裙楼的暗部、灰部和投影着色。

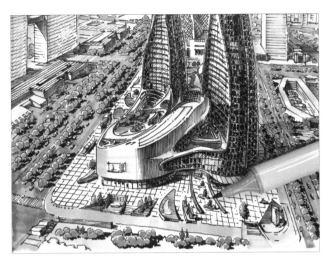

步骤 16 根据受光规律，用马克笔 183 以点笔法为主体建筑后方两座配楼立面的斜拼玻璃幕墙网格着色，再用马克笔 YG264 以点笔法为较靠前建筑的斜拼玻璃幕墙及其在后方建筑立面上投影的网格着色，进一步体现两座配楼的前后关系。

步骤 17 根据受光规律，用马克笔 PG39、PG40 分别为主体建筑楼前广场上绿化景观的受光部和背光部着色，再用马克笔 PG40 为主体建筑裙楼前的绿化景观着色。

步骤 18 用马克笔 NG280，在步骤 13 的基础上，以宽笔触按照由近及远的顺序，加重马路路面颜色。注意，在中景偏后的位置，可使用扫笔法绘制该色，逐渐实现与之前路面颜色的过渡。

步骤 19 根据受光规律，用马克笔 YG264 为主体建筑在地面上的投影着色。

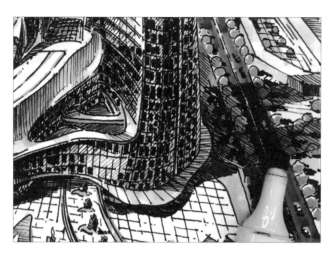

步骤 20 由于马路路面颜色较重,其上的建筑投影颜色亦较重。用马克笔 YG266 为主体建筑在马路路面上的投影加重颜色,进一步加强投影的真实感。

步骤 21 根据受光规律,用马克笔 GG64 按照由近及远的顺序,为大量背景建筑的背光面加重颜色。

步骤 22 用马克笔 183 为主体建筑楼前广场的地面铺装勾勒分格线。

步骤 23 根据受光规律,用马克笔 PG41 以细笔触按照由近及远的顺序加重行道树的暗部颜色,注意越往远处,暗部颜色应越浅,形成过渡。

步骤 24 选用纯色为马路上的汽车着色，推荐使用马克笔 Y3、Y5、R140、R148、B242 等。

步骤 25 根据受光规律，用三菱牌高光笔提亮场景中建筑墙体、玻璃幕墙分格线、植物、建筑小品的高光区域。

步骤 26 根据受光规律，用土黄色彩色铅笔为场景中主体建筑和广场的受光部适当润色，增强画面的光泽感。

步骤 27 用深蓝色彩色铅笔加重天空中紫色区域的暗部颜色，增强天空的层次。

2019.12.31

步骤 28 用彩色铅笔调整画面，丰富色彩层次，完成最终效果图。

第6章

建筑手绘作品欣赏

● 《石上——时尚》42cm×29.7cm

● 《指环》42cm×29.7cm

● 《林中小筑》42cm×30cm

● 《松林别墅》42cm×29.7cm

● 《上海凌空 soho》42cm×29.7cm

● 《密尔沃基美术馆》42cm×29.7cm

● 《海誓花园——喜庐》42cm×29.7cm

● 《启新水泥厂》42cm×29.7cm

● 《港口日暮》42cm×29.7cm

● 《夕念》51cm×36cm 2010 中国手绘艺术设计大赛优秀奖

● 《周庄——华灯》42cm×29.7cm

● 《北戴河老别墅文化创意产业园区概念设计——雪后的崔古伯夫别墅》42cm×29.7cm 2017 年第十四届中国手绘艺术设计大赛优秀奖

● 《北戴河老别墅文化创意产业园区概念设计——夕阳老别墅》42cm×29.7cm 2017 年第十四届中国手绘艺术设计大赛优秀奖

● 《北戴河文化旅游示范产业园概念设计——总部商业街》42cm×29.7cm 2016 年第十三届中国手绘艺术设计大赛优秀奖

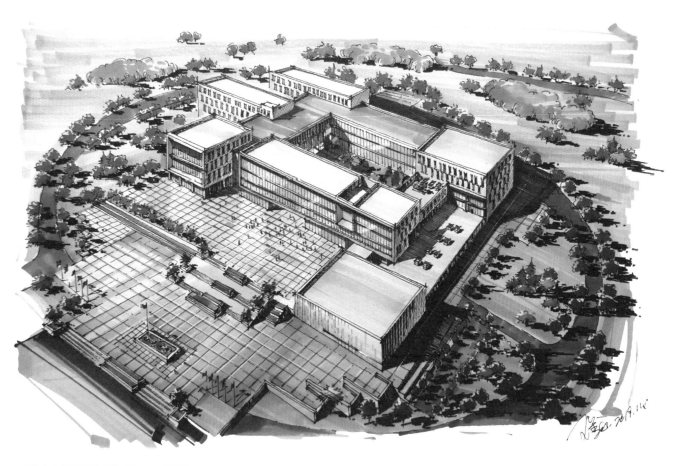

● 《燕山大学新图书馆》42cm×29.7cm

● 《南宁艺术馆》42cm×29.7cm

● 《北戴河文化旅游示范产业园概念设计——影视基地》42cm×29.7cm 2016 年第十三届中国手绘艺术设计大赛优秀奖

● 《日落鸽子窝》29.7cm×20cm 第三届中国明信片文化创意设计大赛（秦皇岛赛区）一等奖

● 《时光老列车》42cm×29.7cm 第三届中国明信片文化创意设计大赛（秦皇岛赛区）一等奖

● 《晨曦碧螺塔》42cm×29.7cm 第三届中国明信片文化创意设计大赛（秦皇岛赛区）一等奖

● 《北戴河文化旅游示范产业园概念设计——老北戴河风情园》50cm×25cm 2016 年第十三届中国手绘艺术设计大赛优秀奖

● 《息州森林公园景观规划设计方案鸟瞰》90cm×50cm

● 《北戴河老别墅文化创意产业园区概念设计——老别墅博物馆》51cm×36cm 2017年第十四届中国手绘艺术设计大赛优秀奖

● 《土楼晨光》发表于期刊《中国高等教育》

后 记

手绘是灵动的，满载了设计师的创意思维；手绘是神秘的，蕴含了设计师的智慧；手绘是感人的，沟通了设计与人性，达到深层认同。

无论专业设计还是手绘表现，美是永恒的追求目标。庄子曰："判天地之美，析万物之理。"通常我们认识新事物之美，是按照先轮廓、再结构、后内涵的顺序进行的，这造成审美层次上具有形体美、结构美、气质美的等级区别。气质美，是设计作品最大、最持久的魅力，它需要经过精心雕琢，融智慧与常识、惊艳与内敛于一体，才能最终成就独一无二的美学品位。气质美是审美的高级阶段。设计手绘中气质美的呈现需要在满足形体美、结构美的基础上，触动设计作品由里及表的勃发，将内在精神与外在物象统一融合，达到浑然之境。气质美的表达需要在积累足够技巧、经验、情愫、灵感的基础上，循序渐进，突破瓶颈，达至功成！

坦然面对自己，坦诚面对设计，从空间带给人的感受做起，是具备较成熟手绘能力的设计者应具备的基本素养。而"虚实相生"则是设计手绘气质美呈现的独特结构方式，虚境通过实境来实现，实境要在虚境的统摄下加工。设计手绘中，整体与局部的强与弱，主体与配景的详与略，空间层次的显与隐，不同物象的露与藏，都生动体现了虚实之间相辅相成、辩证统一的关系，从而使画面具有较强的对话感，形成趣味。伴随着对虚实本质意义的深入探究，我们可以逐步跳出为表现而表现的圈子，站在更高的视角，放眼全局提炼表达设计内涵最为透彻的元素，并按照虚实相融、虚实共生的理念梳理各元素之间的关系，形成一条合乎逻辑、高度凝炼、若有似无的画面主线。这条主线即画面内涵的精华所在，亦是画面从视觉美升华到气质美的主要特征。总之，设计手绘气质美呈现的重任最终将由虚实相生的创作理念和技法承担，气化为虚，质化为实，虚实相生，乃为气质！

设计手绘是一种"约束中的自由"，沉稳厚重，朴实无华，坦诚纯粹，虚实得宜，个性流露，耐人寻味。这是一幅拥有气质美设计手绘作品的基本要求，同时也是当前设计领域品质升级，设计师艺术修养提高的关键方向！

2020.2.26